小嶋老师的水果甜点

86款季节果酱、糖浆水果和蛋糕

(日)小嶋留味 著
爱整蛋糕滴欢 译

辽宁科学技术出版社
沈阳

序目

　　自从我从事甜点工作以来，一直都跟水果有着密不可分的关系。夏天的李子、大黄，秋天的红玉苹果，冬天的金橘、柑橘类等水果，在我的Oven Mitten店会按不同的季节使用各地的水果做各种甜点和果酱。从厨房传来水果的香味我就能感受到季节的气息，非常的幸福。新鲜的水果经过加热，或者和其他素材组合在一起，会诞生出让人感动的美味。

　　Oven Mitten甜点的基本原料包括面粉、砂糖、黄油和鸡蛋。接下来就该排到水果了，可以看出水果对我们店的重要性。我不依赖加工品或者二次制品，尽可能地使用天然的素材，用最天然的素材才能尝到素材本身的美味，所以对于我来说水果是必不可少的原料。

　　经常听有人说日本的水果汁多，很甜。但是却感觉太水了，酸味和味道的凝缩感不够。的确，和欧美的水果比起来，会有这样的感觉。但是日本的水果水分非常多，有着非常高雅细腻的味道。可以充分运用这些味道的优点进行加热，和最合适的饼皮组合，将酸味和香味互补，做出只有日本的水果才能达到的美味甜点来。

　　这才是我作为一名日本蛋糕师所需要完成的使命。我和水果长期打交道总结出来了"水果使用法则"。这一本书汇聚了这些法则。追逐着每一种水果最好吃的季节，用心花了1年时间，拍摄和制作的一本水果甜点书。这本书中，有店里超级畅销的商品，还有新产品和长期制作却没有机会写出来的品种，更有很多第一次写进书里的方法。每一种都是不会让甜点和蛋糕逊色的自信作品，所以大家也一定试着在四季里用不同的水果制作果酱或甜点。一起感受那种让心情激动起来的美味吧！

2014年9月　　小嶋留味

目录

序目…003
使用水果制作
甜点的技巧…006~007

用当季的水果制作果酱、糖浆水果、糖渍水果 …008

小嶋果酱制作法则…010~012

小嶋糖浆水果制作法则…013

制作果酱1~6…014~021
橘子、草莓、苹果、大黄香草、李子、甜夏橘

各种各样的果酱…022~025

制作糖浆水果1~4…026~031
李子、苹果、金橘、无花果

各种各样的糖浆水果…032~035

制作糖渍水果…036~038
文旦皮

只需变换水果，一年四季都能做的甜点 …040

水果挞…042
大石李子、金橘芝麻、苹果、甜夏橘、洋梨

挞皮的制作方法和入模方法…046

马芬…053
美国车厘子、苹果/洋梨、金橘/甜夏橘

酥饼粒…058
苹果、洋梨和蓝莓

意式水果挞…061

用一年四季的水果做出美味甜点 …064

　　甜夏橘果冻…066

　　柠檬挞…067

　　香蕉蛋糕…070

　　香蕉奶油蛋糕…072

　　无须挞皮随心所欲的挞…076

　　酸橙的冻奶酪蛋糕…078

　　巨峰香草慕斯…079

　　两种意大利水果沙拉…084

　　白桃果冻…086

　　西瓜沙冰…088

　　各种夏天的果汁、饮品和凉果…089

　　菠萝海绵奶油蛋糕…092

　　小酥粒奶酪蛋糕…096

　　　　小酥粒苹果奶酪蛋糕…098

　　　　小酥粒菠萝奶酪蛋糕…100

　　　　小酥粒黑加仑奶酪蛋糕…100

　　苹果蛋糕卷…102

　　和栗迷你蛋糕卷…104

　　苹果派…108

　　反转苹果挞…112

　　烤苹果…114

　　水果沙拉…116

　　松饼…118

　　糖渍柚子皮巧克力慕斯蛋糕…120

　　橘子和金橘的酸奶饮品…123

制作甜点之前…039

专栏　不可思议的充满魅力的大黄…074
　　　　红玉苹果最美味的时期…105
干净快速去苹果皮的方法…106

材料索引…124

关于器具和原料…126

之前出版的《小嶋老师的蛋糕教室》很详细地解说了制作甜点的基础知识。搅拌、刮盆等基础动作，是最适合想要学习Oven Mitten的人气配方泡芙和磅蛋糕的朋友们的首选图书。

摄　　影：天方晴子
　　　　　长濑YUKARI（P046~047）
美　　工：冈本洋平
设　　计：岛田美雪（冈本设计室）
料理助手：鸭井幸子、山下尚理
编　　辑：池本惠子

使用水果制作
甜点的技巧

选当季容易购买到的水果

没有比当季的水果更美味的了。久置的水果、晒干后的水果做成果酱或甜点都是回不到原来的美味的。应该选用当季最美味的水果,和甜点组合在一起。这本书里,尽可能不用冷冻水果,使用的都是新鲜的水果。我使用的水果并不都是高级品种,有些你在家附近的超市也能买到。如果担心农药,可以选择无农药或者低农药的,没有打过蜡的水果使用起来比较好。

非常重要的"刺激我们的五感"

使用水果制作甜点的要点——很简单地说就是要刺激我们的五感。

首先,咬一口水果,感受一下它的甜味或者酸味,果肉的柔软度、清香度等。抓住素材的个性是第一步。每个水果的味道都存在差别。将它们如何添加到其他味道中,这个必须要有自己的眼光在里面,更主要的还要有经验。在调理时注意锅里水果的变化,香味的变化也要用心观察。

比如,橘子果酱(P014)在锅里煮的果汁和砂糖,突然的一瞬间表面变得亮亮的,很有光泽,果酱仿佛在告诉你"关火的时机就是现在哦!"。如果提前关火,果汁和砂糖还没有一体化,反之,如果煮得时间太久,砂糖的味道就会显得很突出,橘子的风味就会丧失掉。就这样听着水果的声音,观察着水果的样子,以水果为主人公的甜点和果酱就诞生了。

柠檬汁和果皮碎的主要角色

最后的味道是缺少不了柠檬汁和果皮碎的（P012）。李子这些本身带有酸味的水果，可以利用它本身的酸味，酸味少的水果需要用柠檬汁来补充。果皮碎也是增添味道不可缺少的素材之一。挤出来的柠檬汁和用来做果皮碎的柠檬皮也可以冷冻保存，一点也不会逊色于新鲜的味道，用起来很方便，但是放过多也不好，适当的酸味和果皮碎会使味道变得更立体，提升水果本身的香味，味道也会变得更加上档次。

加味道的时候尽可能用天然的原料

味道很清淡的水果，比如洋梨、无花果、苹果等，可以加入一些香辛料或者香草、洋酒。这个时候也是尽量加天然的素材。人工香料、甜味剂、酸味料这些会破坏水果本身细腻的味道。

水果多彩的表情，尽情享受各种各样的美味

水果的使用方法和烹饪方法，能使水果变换各种表情。使用新鲜的，轻轻用火加热的，用果汁慢慢煮过的，放在面糊里面和点心一起烤的等，会做出各种各样的味道来，将它们做出各种各样的美味来享用是很美好的事情。

*配方中水果的重量是果肉的净重量。比如苹果500g（去皮去核）的情况，把皮去掉，中间的核去掉，之后留下来的果肉的重量。

*只有柑橘类会分别记载外皮、表皮、薄皮。包在最外面一层的称为外皮，用这个外皮的表面一层称之为表皮，将表皮刨成碎的称之为果皮碎（P012）。还有，一瓣一瓣橘子的薄皮称之为薄皮。其他的水果的皮统一称之为皮。

用当季的水果制作果酱、糖浆水果、糖渍水果

小嶋果酱制作法则

我制作的果酱，是充分突出水果的特征，注意利用水果的多水分这一特性。感受水果的个性，制作果酱的时候像跟锅里的水果在对话一样注意着它们的变化，制作出来的果酱像在吃这款新鲜水果一样的清爽美味。

果胶、酸味剂、色素、防腐剂，这些统统不会使用

这本书中介绍的果酱，不使用能使果酱变黏稠的果胶，因为果胶本身带有化学成分的味道，如果想要制造黏稠感可以利用糖和水果本身来达到目的。橘子酱可以使用薄皮，李子果酱可以使用李子的皮。此外，增加酸味的话，不会使用柠檬酸或者瓶装的浓缩果汁，而是使用新鲜柠檬挤出来的汁来增加酸味，上色的话会使用水果皮本身的天然色素。自家吃也不需要使用防腐剂。使用的材料也是尽可能地简单化，为的就是更好地突出水果本身的味道。

严禁二次加热

通常制作果酱的时候，为了长期存放，会用烤箱或沸腾的水来加热瓶子，使瓶子里面的空气抽出（也称脱气）。但是在很多情况下，这样做就会变成二次加热果酱，使果酱受了必要之外的热量，果酱的新鲜口感也会大大地减少。

煮好后的果酱请立刻趁热装进干净的瓶子里面。家庭制作时，待果酱冷却后再放入密封的容器里面也完全没有问题。哪一种都是放在冰箱的冷藏室里，请在3周内食用，当然尽快食用也是美味的秘诀哦。

不测量甜度、酸度

　　这本书不测量水果或者果酱的甜度和酸度。不要局限于一个数字，最重要的是要考虑整体的味道是否均衡。用自己的舌头去品尝煮的过程中水果味道的变化，然后调节砂糖和柠檬汁的多少。如果水果比较甜的话，可以减少5%~20%的砂糖然后增加柠檬汁，反之，如过感觉酸的话，可以增加砂糖的量来调整。水果本身的味道也是每一个都不一样的，果酱也不需要每次做出同样的味道来。

加热时间短

　　这次介绍的果酱加热时间基本都在20分钟以内。这样短时间内制作出来的果酱比较能突出水果水嫩嫩的美味之处。用小火长时间煮后的果酱，会增加多余的甜味，失去新鲜的感觉，但是如果煮的时间不够的话，也会因为糖度不够而变得很水，味道不够。

砂糖用量做到最小

　　制作果酱的时候，比起用绵白糖，还是用纯度高、甜味清爽的砂糖（不需要特细砂糖也可以）比较适合。比起一般的方法，配方里用到的糖量是比较少的，这个量更能突出水果本身的味道。但是反之，糖太少的话会达不到黏稠感并且没有光泽，不能体现出素材本身的味道，保存性也会变差，所以需要注意一下。

果皮碎和柠檬汁是主要调味料

果皮碎和柠檬汁可以保护水果的风味，增加果酱的美味度。果皮碎指的是柑橘类的表皮削后的表皮碎。如果使用研磨器，会破坏纤维、水分和香味，所以请一定使用专门削果皮碎的工具（P126）。表皮下面的白色部分会有苦味，所以只需要在表面轻轻刨1~2下就可以了。如果添加一把柑橘类的果皮碎，香味和味道就会一下子被提升出来。柠檬汁是用来提升酸味和调整味道所不可欠缺的，但是要注意不要过多地使用，让柠檬的味道抢了风头。

推荐平锅的理由

根据制作果酱的锅的品种不同，成品也会有很大的差别。这本书使用的是日本WMF公司生产的浅口不锈钢锅。制作体积大的糖浆水果或者柑橘果酱时，用直径24cm的大锅，除此之外，全部使用直径20cm的锅。这种锅底很厚实，锅盖比较重密封性好，导热性和储热性也很好，仿佛将果肉包在里面从各个方向都在加热的感觉。用这个锅煮少量果酱的时候因为受热面积大，适当的蒸发水分在短时间内可以做出适当黏稠度的果酱来。反之，单薄的锅容易使果酱烧焦，或者出现受热不均匀的现象。根据我多年的经验，锅里放入高于6cm以上的材料会影响煮的时间，在短时间内做不出理想效果来。用自己家中现有锅具时，最好使用不锈钢或者珐琅锅等对酸性反应小的锅，配合锅的尺寸调节量的多少。

少量的制作

柑橘酱之外的果酱都需少量地制作才能缩短加热的时间，这样会更接近新鲜水果的美味，也有利用微波炉简单制作的配方。半盒草莓，一根香蕉也可以轻松制作果酱，而且几分钟就可以完成且上色漂亮。

🍲 小嶋糖浆水果制作法则

我的糖浆水果是不费时间不费精力非常简单的，成品也很美味，一点儿也不比餐厅逊色。直接食用就很美味，也可以加点酸奶，或者放在挞和蛋糕里面。用糖水煮的方法也有，还有直接在水果里面加入砂糖煮的。牢记每一种果酱的制作方法，让糖浆水果变成很亲近我们的一款甜品吧。

用糖水煮的

砂糖和2~4倍量的水（根据种类不同会有所区别）融合起来的糖水进行制作，沸腾后放入除去皮的果肉。李子或桃这类水果只需要数十秒；苹果、梨也会在数分钟内就可以完成。余热也会对水果进行加热，所以小心不要煮过头了。

制作时的要点是，浮在糖水上的部分会变色，所以"充足量的糖水"和"纸盖子"一定要准备好。熬煮和保存的时候，为了防止水果接触空气，也可以盖上厨房用餐巾纸。纸盖子最好使用强韧的厨房餐巾纸。锅里的糖水如果不够，可以添加热水，再加热水总量1/4~1/3的砂糖即可。

还有一个不可缺少的是糖水中的酸味。为了使水果减少变色，均衡味道。李子等会利用食材本身的酸味，这以外的水果会用柠檬汁来增加酸味。洋梨或者苹果这些温柔口感的水果可以使用香料和洋酒来均衡味道。

直接加糖

切成块状的苹果、容易煮熟的金橘等可以直接加入砂糖。还有容易煮碎的无花果可以用蒸锅来制作。

制作果酱

> 用搅拌机打碎后直接煮

橘子果酱

"这么漂亮的颜色是哪里来的呢？""新鲜口感的秘密是什么？""不使用果胶却能做到这样的黏稠程度是为什么？"吃完橘子酱后的朋友总会给出这样惊喜的反应。但是实际上，橘子酱的制作方法相当简单。

橘子连同薄皮一起放入搅拌机中搅拌，加入砂糖稍微煮一下，完成之前放一点柠檬汁和橘子的皮碎。

不需要特别的工具，也没有复杂的手法，但是味道却很棒。

可以直接感受到橘子本身的味道，真是让人感动的美味。

这个制作方法适用于各种柑橘类水果，大家也请尝试一下吧。

制作果酱的世界一定会更加丰富多彩起来。

材料
温州橘子（不是中国的温州）…500g
（去掉外皮。M尺寸的6~7个）
砂糖…175g（约橘子的35%）
柠檬汁…5~10g
橘子皮碎…约1个的量

重点&准备工作
橘子的皮碎（表皮）只需要表面部分，白色部分有苦味，所以不要放进去。

要点
- 橘子直接连薄皮一起放进搅拌机里搅拌，薄皮可以增加黏稠度，味道也会比较浓郁。
- 柠檬汁可以提升味道，橘子的表皮碎可以增添香味。
- 橘子要选用优质品种。煮的时间、砂糖和柠檬汁的量可以按照自己的喜好自行调节。

薄皮就这样保留着。

1
橘子去掉外皮和白色的筋，横着切开，如果有核就将核去除。

2
将**1**放进搅拌机里面。刚开始会比较难搅拌开，所以不间断地按按钮进行搅拌。

3
大块的固体状态消失了，变成柔滑的水果蓉的感觉即可。

4
将**3**放入锅里，一次性加入砂糖。

已经有黏稠度和光泽了。

5
开中火煮，用刮刀轻轻搅拌使砂糖熔化。

6
沸腾后会有沫出来，轻轻地去除。之后再用小火煮12~15分钟。

7
颜色变深后加入柠檬汁和橘子皮碎，增加香味和适当的苦味。

8
大约1分钟后，从水水的感觉变得稍微浓稠起来的时候就完成了。冷却后黏稠度会增加，所以千万不要煮过头了。

制作果酱 2

> 用微波炉制作

草莓果酱

一般使用锅来熬煮草莓果酱，但是制作少量的草莓酱或者立刻想吃的时候，可以尝试用微波炉来制作。用微波炉制作时，素材本身的味道也会充分体现出来。

材料
草莓…200g（去蒂）
砂糖…90g（约草莓的45%）
柠檬汁…15g

重点&准备工作
果酱会在微波炉中沸腾，所以请使用大的深口耐热容器制作。

要点

- 在切成小块的草莓里面加入砂糖和柠檬汁进行搅拌，放入微波炉里加热。不需要盖保鲜膜。不盖保鲜膜是为了更好地蒸发水分。
- 用微波炉可以制作的果酱有：香蕉、无花果、西梅等肉质比较软的水果。制作的时候可以切块也可以碾碎。
- 不是用微波炉少许加热，而是需要充分地让它们在里面沸腾。

1 草莓去蒂，切成1~2cm大小的块状。

2 将草莓、砂糖、柠檬汁一起放入耐热容器里。果酱沸腾的时候会沸腾到容器口径边缘，所以请一定使用深一些的容器。

> 材料混合后立刻放入微波炉。

3 整个搅拌均匀。不需要盖保鲜膜。

4 600W的微波炉加热3分钟。

5 取出来除去上面的沫，为了防止加热不均匀，再次搅拌一下，放入微波炉加热4分钟。

> 不要微过头了。

6 冷却后黏稠度会增加，接触了空气之后颜色也会变得很有光泽。

制作果酱 3

> 果肉煮软后再加砂糖

苹果果酱

各种各样失败的试验告诉我，苹果不能研磨碎，也不能切很小很小的块。像蒸煮一样将它煮软，再放入20%的砂糖，快速地煮一下才是美味的要诀。

材料

苹果（红玉）…500g（去掉皮和核）
柠檬汁…15g
水…100g（约苹果的20%）
苹果皮…整体量的1/10
砂糖…90g（约苹果的18%）

要点

- 等果肉煮软后再加入砂糖，这样做会更快地完成并且能更好地保留苹果本来的风味。
- 苹果切好后立刻就开始煮，放时间长会变色，导致果酱的颜色也会变差。
- 苹果皮放入里面会增添一点淡淡的色彩，如果红色部分不浓的话不放也可以。

1 苹果去掉皮和核，还有核周围的一点部分，切成银杏叶状。在平底锅里放入柠檬汁和水，开中火进行加热。

2 接下来，加入苹果皮。

> 只需要将红色部位放进去。

3 等锅盖的缝隙间冒出蒸汽后开小火，煮7~10分钟。

4 苹果变成淡淡的粉色，变软后加入砂糖轻轻搅拌。

5 煮2分钟即可。将皮取出来。像图片那样煮碎了且有了浓稠度就完成了。

制作果酱 4

大黄香草果酱

> 果肉煮软后放入砂糖和香料

最近新鲜的大黄比较容易购买到。
爽口的酸味会让人上瘾。
放入香草后味道会变得非常好。

材料

大黄…300g（茎的部位，筋不要去掉）
砂糖…90g（约大黄的30%）
香草荚…4cm
水…5g

要点

- 使用的新鲜大黄是日本产。（P074）煮到还剩一点点果肉的形状就可以了。
- 大黄去掉根部硬的部分，只用茎的部位并将其切段。
- 大黄跟别的水果混合在一起也会变成很美味的果酱。大黄一半的量用切碎的草莓、苹果、菠萝、李子等替代（香草可按个人喜好添加）。相互的味道被提升出来，感觉比纯大黄酱更美味。

1

大黄切成1~1.5cm长，放入平底锅加入一点水防止糊底。

2

盖上锅盖，中火煮10分钟。

3

大黄会变软而且会有水分出来。

4

这个时候放入砂糖和香草子和香草荚。

5

整体轻轻搅拌，除去上面的白色泡沫似的物质。小心不要将香草子也去掉哦。

6

> 基本就是煮碎了，有点黏稠的感觉。

2~3分钟后，如上图里的感觉，留一点点大黄的形状就完成了。

制作果酱 5

> 皮和核也一起煮

李子果酱

李子和杏子一类的，都是不用去皮，核也一起煮。这个皮和核会呈现出很好的香气和酸味，也能制作出黏稠感，既香又美味的果酱。

材料
李子（大石早产）…500g（含皮和核）
砂糖…175~200g（李子的35%~40%）
水…5~10g

要点

- 果肉稍微煮一下后再放入砂糖。这样做会减少煮的时间，也能更好地保持水果原本的风味。
- 李子、杏子类的皮和核一起煮。皮最终会化掉，最后只需要将核取出来即可，从皮里提取的酸味和黏稠物，果核的酵素提取出香味。
- 制作李子果酱，选择用手一下可以压碎的成熟的李子来制作。

1

李子不用去皮，直接切成适当大小，核也一起放入平底锅，为了防止煳底加入一点水后，盖上锅盖开中火煮。

2

2~3分钟后，果肉变软，出现一点水分的时候加入砂糖轻轻搅拌混合。

3

砂糖熔化后水分就会出来。

4

盖上锅盖继续用小火煮12~13分钟。

5

> 皮的红色很漂亮地呈现出来了。

果肉碎掉后，取下锅盖轻轻搅拌使水分蒸发。到这一步皮就会熔化，颜色也会变得很漂亮。

6

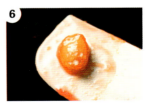

> 轻轻地！

核周围的果肉能轻轻一剥就掉下来，这样的状态是煮好的信号。

制作果酱 6

> 煮过的外皮和果肉一起煮

甜夏橘果酱

日本早春的柑橘类,有着特别的苦味和清爽的香味,非常适合制作柑橘果酱。果酱使用的是我非常喜欢的甜夏橘,柑橘酱的制作方法也在不断改良中。过去的做法是将橘子的外皮焯两次热水,但是,现在为了保持香味,先把外皮好好地搓洗一下,减少一次焯水的过程,这样香味会保持得更好。

还有一个要点,就是加入全部量的果肉和薄皮,让果肉的味道充分发挥出来,薄皮是制造黏稠度的。此外,还需要多一个步骤就是称量一下焯水后的皮的重量,这样才能做出很美味的果酱来,请一定试试哦。

材料
甜夏橘的外皮…2个份
甜夏橘的果肉…2个份(薄皮去掉)
甜夏橘的薄皮…约薄皮的5%
砂糖…煮过一次的外皮的95%~100%
煮外皮的汁…煮过一次的外皮的20%左右(约160g)

重点&准备工作
- 外皮内侧的白色部分(棉花状部分)不要去掉,切成长4~5cm、宽2mm的细长条。
- 甜夏橘的果肉,一片一片地将薄皮和果肉分开。这个时候出来的果汁也不要丢掉。

要点
- 柑橘类的外皮,厚度和含水分量也会有差别,所以在煮一次之后再量比较好,按照这个比例再确定需要放入的砂糖的量。
- 外皮先煮一下,煮到用手可以轻轻压碎的柔软度后再加入果肉和砂糖。
- 这个制作方法,不仅用了外皮,果肉也是用了同样的量(材料整个的量)。所以制作出来的味道很美味。
- 不加入薄皮其实也可以,但是加入后黏稠度和味道都会变得更好。
- 如果煮过头的话,砂糖的味道会比较突出,会损失柑橘类的味道。
- 砂糖的量要比别的果酱多,所以保存性也会好一些。
- 除了使用甜夏橘,还可以使用文旦、美生柑等,也很美味。

1. 将外皮切成长4~5cm、宽2mm的细长条。每一瓣果肉也将薄皮和果肉分开，汁水也保留下来。

加入果肉使味道更浓郁。

2. 在一个比较大的盆里放入满满的水，将1的外皮放入里面搓洗。将水换掉再洗一遍，最后挤掉水分放入漏斗中。

3. 将外皮在热水中煮一下，沸腾后开小火再煮30分钟。

4. 外皮可以轻松用手指捏碎即可，关掉火，用漏斗盛出来，煮过的水留着备用。量一下漏斗里外皮的重量，再准备这些外皮量95%~100%的砂糖。

5. 将步骤1的果肉捏碎，放入平锅里面，将步骤1的果汁也一起放进去。

6. 一次性加入砂糖和步骤4的外皮。

7. 从步骤4剩下的煮外皮的汁中，称量出外皮总量20%的量（约160g），加入锅里混合，开中火煮。

8. 接下来将薄皮切碎加入里面。

9. 就这样用小火至中火煮40~50分钟。

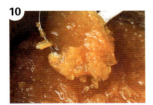

10. 变得跟图上的颜色一样就可以了。冷却后黏稠度会增加，稀稀的状态时关火即可。

各种各样的果酱

根据水果的种类和性质不同，果酱的制作方法可以归为以下几类。
请参考以下资料，选择自己喜欢的水果来制作果酱吧。

基本果酱　　　　　　　　　　　　　　　**变换花样**

1　橘子果酱
用搅拌机打碎后直接煮
↳ 松饼（P118）

- 皮薄、比较软的柑橘类
  清见橘子（日本静冈县静冈市产的一种橘子）果酱，广柑果酱，金橘果酱

- 皮薄、比较硬的柑类
  文旦果酱，甜夏橘果酱，血橙果酱，伊予柑果酱，葡萄柚的香辛味果酱

- 其他
  菠萝果酱

2　草莓果酱
用微波炉制作
↳ 意式水果挞（061）

无花果果酱，香蕉果酱

3　苹果酱
果肉煮软后再加砂糖
↳ 苹果马芬（P056）

苹果酱（富士苹果）

4　大黄香草果酱
果肉煮软后放入砂糖和香料
↳ 意式水果挞（P061）

洋梨的香草果酱

5　李子果酱
皮和核也一起煮
↳ 大石李子挞（P043）

梅子果酱，杏子果酱，
三华李沙司→巨峰香草慕斯（P079）

❶ 广柑果酱
❷ 金橘果酱
❸ 血橙果酱
❹ 甜夏橘果酱
❺ 橘子果酱
❻ 清见橘子果酱
❼ 文旦果酱
❽ 葡萄柚的香辛味果酱
❾ 伊予柑果酱

> 皮薄、比较软的柑橘类

1 清见橘子果酱（日本静冈县静冈市产的一种橘子），广柑果酱，金橘果酱

像温州橘子一样，皮薄可以吃直接食用，做果酱的时候薄皮也不去掉，直接放进去一起煮。砂糖是果实总量的30%~35%。柠檬汁大约占总量的10%。同橘子果酱（P014）做法相同，完成前放入各自的表皮碎即可。

> 皮薄、比较硬的柑橘类

1 文旦果酱，甜夏橘果酱，血橙果酱，伊予柑果酱

葡萄柚的香辛味果酱（制作方法在下一页）
皮薄、比较硬的柑橘类，加入薄皮整个量的30%左右（按个人喜好加），和果肉一起放在搅拌机里面搅拌。砂糖是果肉量的30%~35%，柠檬汁为10%左右。同橘子果酱（P014）的做法相同，完成前放入各自的表皮碎即可。

1 葡萄柚的香辛味果酱

材料

葡萄柚果肉和果汁…200g

葡萄柚的薄皮…约1/2个份

砂糖…70g（约葡萄柚的35%）

水…40g

柠檬汁…5~15g

肉桂棒或者桂皮…3~4cm

葡萄柚皮碎…约1/10个的量

和上一页皮薄、比较硬的柑橘类的制作方法相同，去掉沫之后加入柠檬汁5g，将肉桂棒、香草子和外皮一起放进去，用小火煮12~15分钟。中途把葡萄柚皮碎加进去。尝一下味道，如果感觉酸味不够再加5~10g柠檬汁。共煮15~17分钟，稍微有点黏稠感就可以了。

1 菠萝果酱

材料

菠萝（完熟）…200g（去掉厚皮和硬芯）

砂糖…40~60g（菠萝的20%~30%）

水…20g

像菠萝一样纤维多的水果和橘子果酱（P014）一样的做法。菠萝去皮和硬芯，和水一起放入搅拌器里搅拌后，将其放入平锅中，加入砂糖并开火煮，煮到沸腾后开小火再煮12~15分钟。酸味不够的话，再加入适当柠檬汁（分量外）。

2 无花果酱

材料

无花果…100g（去皮，切碎）

砂糖…45g（约45%）

柠檬汁…18g（约18%）

和草莓果酱（P016）制作方法相同。盆里放入砂糖、柠檬汁混合。600W的微波炉加热2分钟搅拌，再加热1分钟。去掉沫就完成了。

2 香蕉果酱

和草莓果酱（P016）制作方法相同。香蕉100g、砂糖20g（约20%），柠檬汁10g（约10%），2cm香草荚里的香草子。全部放在一起，放进600W的微波炉加热2分钟+1分钟。

3 苹果果酱（富士苹果）

和红玉苹果果酱（P017）的制作方法相同。砂糖15%，柠檬汁10%。皮不要放进去。煮的时间要比红玉苹果长，15~20分钟。

4 洋梨的香草果酱

和大黄的香草果酱（P018）的制作方法相同。将皮和芯去掉的洋梨300g、柠檬汁12g（约4%）、水36g（约12%）、5cm香草荚的香草子放入锅中后开火煮。大约15分钟后洋梨变软了，加入砂糖60g（约20%）。稍微有点黏稠感就完成了。

5 梅子果酱

和李子果酱（P019）的制作方法相同。使用完熟的黄色的南高梅。南高梅500g、砂糖200g（约40%）、水25g（5%~10%），尝一下味道，看甜味如何，再适当增加砂糖调节，最多加入50g。

5 杏子果酱

和李子果酱（P019）的制作方法相同。杏子500g、砂糖200~220g（40%~44%）、水25g（5%~10%）。

5 三华李沙司

将完全成熟的三华李200g切成适当大小（不用去皮和核），加入40g水开火煮，沸腾后2~3分钟，在三华李煮软的时候，加入砂糖50g（约25%），再继续煮5分钟以上。出现轻微的黏稠感，李子核可以一下脱落即可。待凉后用网过滤。将使用的分量分开保存，按个人喜好适当添加水来调节浓稠度。

制作糖浆水果 1

> 放入煮沸的糖水里轻微加热

糖浆李子

第一次吃糖浆李子时的感动,直到现在都无法忘记。单纯的只是水果和糖水煮一下而已,但是那丰富的香味和酸味却显得非常厚重。我意识到这个就是水果本身具备的个性与特征,已经完完全全被大石李子迷住了。糖浆水果,不追求保存性和多层次的口感,只是单纯地想把素材本身的个性体现出来,用更美味的方式去享用它们。也能说是回归原点的非常重要的一道甜品吧。

材料

李子（大石早生）…700g（去皮）
砂糖…180g
水…540g（砂糖的3倍）
李子皮…约整体量的1/4

重点&准备工作

- 李子皮用刀薄薄地去掉，不要扯着皮拉下来，否则表面会有凹凸状，不仅看起来不美观，糖水也会出现浑浊。
- 首先将李子摆在准备用的平锅里面，使用正好能放进去的量再多加一个（因为皮去掉后会有多余空间）。

要点

- 煮沸的糖水里面放入李子，不需要太久就关掉火。通过余热进行加热，随着温度的降低糖水也会浸入果肉内，得到新鲜口感的糖浆水果。
- 加入李子一部分的表皮，能增加特有的酸味和香味，染上淡淡的颜色。
- 煮糖浆水果的时候，果实与果实之间不要重叠，要平整地摆在平锅里面，而且要让它们完全浸泡在糖水里面（没有浸泡到的部位会先开始变色）。糖水少的情况下加入适量热水，再加入热水量的1/4~1/3量的砂糖。
- 水果会浮上来，所以在熬煮和保存的时候，用厨房用纸当盖子盖在上面。

1

漂亮地去掉李子的皮，取皮的1/4的量备用。尽可能选红色部位，煮出来的颜色会比较漂亮。

2

平锅里面加入水和砂糖煮沸。

> 糖水会渗透到果肉里。纸盖子还是这样盖着。

3

沸腾后开小火慢慢地放入李子。如果李子没有完全浸泡在水里就加一些热水，再加热水量1/4~1/3的砂糖。

4

立刻将步骤1备用的李子皮放入锅里，将厨房餐巾纸剪圆形盖在上面。

5

锅的中心开始沸腾，30秒以后关火。用橡皮刮刀将李子上下翻身，用余热进行加热。

6

为了防止表面干燥，继续盖上纸盖子直到冷却完毕。放置一天后，味道会更好地渗入果肉中，颜色也更漂亮。

制作糖浆水果

用糖水煮一会儿

糖浆苹果

根据糖浆李子的制作方法。不是用余热去加热，而是煮数分钟到数十分钟。用大火煮的话果肉会碎，需要注意。

材料

苹果（红玉）…430g（去掉皮和核）
砂糖…150g
水…600g（砂糖的4倍）
柠檬汁…15g
柠檬的表皮…约1/2个（只需要皮表面薄薄的一层）
樱桃酒…30g

要点

- 煮之前先将切好的苹果摆进平锅里，不要让果肉之间重叠。这也是为了防止煮碎和短时间内让苹果均匀受热的重点。

不要忘记盖纸盖子哦。

1 苹果去皮切成梳子的形状。平锅里面放进水、砂糖、柠檬汁和柠檬皮使其沸腾。

2 沸腾后放进苹果，将纸盖子盖上后开小火煮5~6分钟。煮的时间根据苹果品种不同有少许差异。（富士系列的苹果10~12分钟）

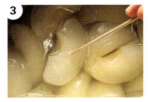

3 用竹签插进去看看，轻轻一下就插进去了就说明好了。

4 等稍微冷却后将樱桃酒加入里面。去掉柠檬皮，纸盖子就这样盖着，让味道渗透进去。

制作糖浆水果

直接加入砂糖煮

糖浆金橘

小小的金橘的魅力在于它那带着清香味道的皮也能一起吃。之前老的栽培品种皮有点硬，焯水后才能用，品种改良之后，现在焯水这个步骤可以省略了。

材料
金橘…500g（蒂和子都去掉）
砂糖…150g（约金橘的30%）
水…35~50g（金橘的7%~10%）

重点

- 生吃的金橘，不需要焯水，直接加入砂糖煮。
- 一点点的糖水用蒸煮的感觉来制作，凝缩的果实风味非常让人期待。

完成后亮闪闪的感觉。

1 金橘去掉蒂，切成两半后用叉子等工具将子去掉。

2 将金橘和砂糖、水放入平锅里开中火煮。轻轻地搅拌一下后盖上锅盖。

3 沸腾后锅盖与锅的缝隙直接会有蒸汽冒出来，这个时候转小火继续煮6分钟左右，加热到位即可关火。

4 就这样放一个晚上，让金橘充分吸收糖浆。

制作糖浆水果 4 用蒸锅制作

糖浆无花果

从日本料理得到的灵感,用蒸锅制作糖浆水果。可以防止煮碎、太稀等情况,将无花果的美味充分体现出来。在无花果里加入洋酒,味道会变得更美味美妙。

材料
无花果(中)…8个(底部的皮稍微留一点点)
砂糖…40g(1个无花果大概用5g糖)
利口酒(柑曼怡利口酒,白兰地也可以)…56g

要点
- 选一个可以放入蒸锅里的不能脱底的模子,或者料理托盘,里面放入无花果蒸。
- 作为一道甜品,推荐搭配打发的奶油一起食用。

1 为了防止无花果在煮的过程中破碎,底部需留3cm左右的皮不要去除,将其他表皮薄薄地去除。

2 上面用刀划十字状。无花果不要重叠地摆在蛋糕模子里面。

3 将每个无花果开口处撒进5g的砂糖。用手指将十字部分掰开比较好完成,剩余的砂糖全部撒在无花果上。

4 洋酒洒在砂糖上。

5 在盖子中间包上毛巾,放入冒着热气的蒸锅里,大火煮约5分钟。关掉火就这么放5分钟,让余热继续加热它们。

6 煮后的粉色糖浆,味道也是非常浓郁美味的。

各种各样的糖浆水果

和果酱一样，根据水果的种类和性质的不同，糖浆水果的制作方法也不一样。先煮沸糖浆再煮水果，或者直接加入砂糖，用少量的糖水跟水果一起煮。

基本的糖浆水果

1 糖浆大石李子
放入沸腾的糖水中快速地加热一下

↳ 大石李子苏打水（P090）

2 糖浆苹果
用糖水煮一会儿

↳ 跟酸奶混合的甜点（P035）

3 糖浆金橘
直接加入砂糖一起煮

↳ 金橘芝麻挞（P048）

变换花样

李子类或桃等果肉比较多的水果

糖浆白桃、糖浆油桃
↳ 白桃啫喱果冻、油桃啫喱果冻（P086）
糖浆和梨、糖浆洋梨块
↳ 和草莓组合的甜点（P035）

切成大块的水果或者果肉比较硬的水果

糖浆香辛洋梨
糖煮嫩姜→生姜苏打水（P090）

切小块的水果和容易煮熟的水果

糖浆苹果粒
↳ 苹果和酥粒奶酪蛋糕（P096）
苹果蛋糕卷（P101）

🍲 1　糖浆白桃

材料
白桃300g（去皮和核）
砂糖…120g
水…400g（约砂糖的3.3倍）

和糖浆李子（P026）做法相同。白桃切瓣，放入沸腾的糖水中，盖上纸盖子，再次沸腾后立刻关火，从炉具上取下来。

🍲 1　糖浆油桃

材料
油桃…300g（去皮和核）
砂糖…150g
水…400g（约砂糖的2.7倍）
油桃皮…约1/5的量

和糖浆李子（P026）一样的做法。油桃切瓣，和皮一起放入沸腾的糖水里，盖上纸盖子，再次沸腾20秒后立刻关火，从炉具上取下来。

🍲 1　糖浆和梨

材料
和梨（幸水）…450g（去皮和核）
砂糖…120g
水…360g（砂糖的3倍）
丁香…4~5粒
肉桂棒…2cm
柠檬汁…15g

和糖浆李子（P026）的做法相同。糖水里面放入丁香和肉桂棒煮沸，将梨切成2~3cm的块状，同柠檬汁一起放入沸腾的糖水里，盖上纸盖子，再次沸腾30秒后立刻关火，从炉具上取下来。

🍲 1　糖浆洋梨块

材料
洋梨…300g（去皮和核）
砂糖…45g
水180g（砂糖的4倍）
香草子…约5cm的量
柠檬汁…12g

和糖浆李子（P026）的做法相同。糖水里面放进香草子煮沸，将梨切成2~3cm的块状，同柠檬汁一起放入沸腾的糖水里，盖上纸盖子，再次沸腾10秒后立刻关火，从炉具上取下来。

糖浆香辛洋梨

材料

洋梨…300g（去皮和核）
砂糖…120g
水…480g（砂糖的4倍）
柠檬汁…10g
丁香…5~6粒
白胡椒…7~8粒
香叶…2枚

将洋梨竖着切两半，去掉梨核。将除了洋梨之外的材料全部放入平锅里煮，洋梨尽可能不要有空隙地摆在平锅里面，盖上纸盖子。用小火煮6~8分钟即可。

糖煮嫩姜

材料

嫩姜…300g（去皮）
砂糖…220g
水…400g（约砂糖的1.8倍）

将糖水煮沸后放入切成7~8mm厚的姜片，用小火煮1小时，然后将其冷却。连同糖水一起放入冰箱可以保存3个月。糖水和嫩姜分开冷冻的话，可以保存1年。糖水可以做生姜苏打水。嫩姜切碎后可以做戚风蛋糕或者磅蛋糕，味道也非常不错。

糖浆苹果粒

材料

苹果（红玉）…450g（去皮和核）
砂糖…50g（约苹果的11%）
水…40g
柠檬汁…6g

【富士系列苹果的用量】
苹果（富士）…450g（去皮和核）
砂糖…45g（约苹果的10%）
水…12g
柠檬汁…18g

1 平锅里放入切成2~3cm的苹果块，加入砂糖和水，柠檬汁开中火煮。
2 为了防止把苹果煮碎，不要用橡皮刮刀搅拌。摇晃锅身使砂糖熔化，盖上锅盖煮。
3 沸腾后锅盖的缝隙里有蒸汽冒出时，转小火煮1分30秒后关火（富士系列的话7~8分钟）。
4 用竹签插进苹果试试看，如果能很轻松地一下就插进去，就说明煮好了。就这样冷却一晚后，糖水会渗入苹果中，使苹果变得很饱满。

和新鲜的水果或者酸奶放在一起,制作一份快速甜点吧。

制作糖渍水果

糖渍文旦皮

和皮等量的砂糖一起煮

柑橘类拥有上品的香味和之后出现的苦味。口感比看上去还要多汁，既可搭配茶一起使用，也可用来当烘焙原料使用。在这里，我是将冰糖搅碎后包在外面，味道非常温和。也可以试试葡萄柚或者其他的柑橘类水果。

材料
文旦的外皮…400g
砂糖…煮过后的文旦皮的95%~100%
碎冰糖（装饰用）…300~400g

重点&准备工作
- 碎冰糖用食品加工器磨一下，不要磨得太碎了。
- 做好的糖渍文旦皮放在密封容器里面可以保存3个月。随着保存时间越来越久，里面的水分会慢慢减少，更容易变硬。

要点
- 文旦外皮内侧的白色部分不要去掉，可以直接使用。
- 文旦皮用同样量的砂糖一起煮，再裹上颗粒大的砂糖。
- 外皮先煮软后再加砂糖。
- 裹在表面的冰砂糖不要搅拌得太碎，粒子大、纯度高，所以甜味不会那么强烈。如果没有的话，也可以用粗砂糖代替。
- 剩余的果肉可以用来做果冻（P066）或果酱（P023）。

1

将文旦的外皮取下来，切成长6~7cm、宽7~8cm的细条。

2

为了去掉外皮的苦味和涩味，需要进行两次焯水。在平锅里面放入外皮和没过外皮的水并开火煮沸，煮沸后再煮5~6分钟然后将水倒掉。

3

第二次煮也是用清水煮，沸腾后开小火煮50分钟左右。用竹签可以轻松地一下插进去就ok了。用漏斗将外皮取出后量重量。

4

平锅里放入步骤3的皮和同等量的砂糖，用中到小火煮。搅拌过度的话形状会碎掉，用刮刀从下往上大范围地搅拌比较好。

时不时上下翻一下。

5

砂糖熔化后，时不时地上下翻一下再煮30~35分钟。

6

不要完全煮干水分，汁水还稍微留一点的时候关掉火，从炉具上取下来。

7

装饰表面用的冰砂糖放进料理盘，立刻将步骤6用筷子一根一根裹上砂糖。在温度没有下降前快速地完成。

8

将多余的砂糖去掉，放在网上，常温下（凉快的地方）放2天左右即可。

糖渍柚子皮

大家熟悉的糖渍柚子可以自己制作。比起糖渍文旦皮要更湿润柔软。外皮煮软之后再加入砂糖是这个配方的要点。

材料
柚子皮…100g
砂糖…60g
柚子果汁（用果肉和薄皮一起挤出来的汁）…10g
煮外皮的汁…30g

重点&准备工作
· 柚子的大小每个都有差别，所以砂糖的量和煮的时间视当时情况而定。
· 煮过头了就加点热水，煮到水分充足的柔软状态就可以了。

1
柚子切成梳子形状一片一片的，再将外皮和其他部分分开。将子去掉，薄皮和果肉挤汁待用。

2
在锅里放入步骤1的外皮和水，开火煮沸后，再煮5~6分钟，将热水倒掉。

3
再次将外皮放入锅中，倒入没过外皮的水，开小火煮，皮变柔软可以捏碎的程度即可，煮30~40分钟，再用漏斗盛出柚子皮，煮柚子皮的水取一小部分备用。

4
锅里放入步骤3煮过的柚子皮和汁（或者是水），将步骤1的柚子果汁放入里面。

5
加入砂糖，开小火煮15分钟左右。

6
如图上的感觉，还保留一点点水分的时候就从炉子上取下来。湿润柔软的状态让它冷却，再冷藏保存。

留一点糖水，将火关掉。

制作甜点之前

黄油放至适温再使用

所谓黄油的适温是指20℃左右，这个温度操作性最好。根据季节和室温的不同，适温也会变化。春秋季节可以直接放置室内回温，夏天等室内温度高于25℃以上的时候，17~19℃属于适温。反之，冬天等室内温度只有16℃以下时，黄油可以放在暖和的地方回温，或者用微波炉加热至20~22℃再进行制作。

这本书里使用的黄油都是无盐黄油。

粉类最先要过筛一下

低筋面粉、泡打粉、糖粉等原料都要用筛子过筛，尽可能选用孔比较密的筛子，低筋面粉在操作时需再次边过筛边加入。杏仁粉用孔比较稀疏的过筛即可。

鸡蛋的放至适温是什么意思？

鸡蛋在20℃左右使用（室温有异的话会说明的）。

吉利丁片（也叫鱼胶片）的准备工作

吉利丁片剪成3~4cm长，常温的话吉利丁片里的胶质会融化，所以应该放在冷水中浸泡15分钟以上，用之前一直放在冰箱冷藏待用。用的时候用漏斗盛起来将水沥干。

怎样使用香草荚？

香草荚竖着剖开后，用刀背将里面的香草子取出来（子和荚一起用的情况也有）。剩余的外皮不要扔掉，和砂糖（各适量）一起用料理机加工后做成香草糖使用。

皮碎是什么？

皮碎就是用专门器具将柑橘类的表皮刨出的薄薄的细碎。请参照P012。

烤箱预热是烤制温度20~40℃

烤箱比较推荐带热风功能的。这里用的是德国Miele公司的产品。烤箱内部上下左右的温度都能很好地传达到中间，烤后的状态比较稳定。

烤箱预热是烤制温度再加20~40℃，充分加热后再使用。电烤箱打开门后，内部的温度会下降20~30℃，所以尽量减少开关烤箱门的时间和次数。

*1大勺是15mL，1小勺是5mL

只需变换水果,一年四季都能做的甜点

水果挞

这本书最先介绍的是一款我强烈推荐的挞。一般的水果挞，大家都会联想到烤好的挞上面用色彩鲜艳的水果摆满的样子，这个挞是跟新鲜的水果一起烤。新鲜的水果经过烤制后果肉的味道会更加浓缩，会产生另一种不同的美味来，和杏仁奶油一起烤，简直是绝妙的搭配。

烤出美味挞的秘诀，就是整体一定要烤到位。底部的挞皮与杏仁奶油和水果一起烤的话，不烤到上面一部分快焦了的程度，下面的火都不能完全烤进去。所以，观察挞上水果的变化。水果加热后会有很多果汁出现，这些果汁煮蒸发了，一部分水果有点焦了的时候是最美味的状态。水果和杏仁奶油的边上有点干了，烤上色了，这个时候是出炉的最佳时机。如果烤制时间不够的话，挞的底部会变得软烂。还有一个要点，就是要严守水果的"量"。加入杏仁奶油后会想把各种自己喜欢的水果加进去，烤的时候水果沉到杏仁奶油里面，是造成杏仁奶油溢出的原因，但是要是放得太少的话，水果底部会浮上来，也不能很好地烤到位，所以需要注意一下。

在这里我是将大石李子切瓣后摆上去，春夏秋冬可以使用各种各样的水果试一试，各种大小的模子也会跟大家介绍一下。当然，你也可以使用糖浆水果来挑战，期待大家做出自己的拿手甜点来。

大石李子挞

大石李子挞

最推荐的是这款大石李子挞。初夏的时候烤这个挞,清爽的酸味是让人上瘾的美味。带着皮一起烤所以酸味很强,让人印象很深的味道,再用自家制的李子酱来增加甜味。

材料 (20cm的挞模1个)

【挞皮】…220g(取180~190g敷在挞盘里)→参考P046

【杏仁奶油馅】
- 发酵黄油…75g
- 砂糖…75g
- 鸡蛋…65g
- 杏仁粉…75g

李子(大石早生)…250~280g(去掉核)

李子果酱(或市售的杏子酱)…约20g→参考P019

重点&准备工作

- 黄油放至适温。
- 杏仁粉过筛待用,夏天的话冷藏比较好。
- 杏仁奶油馅铺好后,在挞皮冷却时切水果,否认水果放置过久,会有多余的果汁流出,烤好后挞皮会水水的。
- 李子不用去皮,只需要切成一瓣瓣就可以,去掉核。
- 烤箱预热[烤制温度200℃ +(20~40)℃]。

要点

- 大石李子摆在杏仁奶油上时,皮的部位朝下(其他李子类也一样)。这样做能防止杏仁奶油吸取过多的果汁,同时,果肉的水分也能适当地蒸发以增加美味程度。
- 烤到上面有一点点焦为止,烤后立刻看一下底部,如果还感觉白白的、没有烤透的样子,就立刻返回模子里面再烤一会儿。
- 剩余的挞可以用保鲜膜包起来,可冰箱冷藏保存2~3天。吃的时候稍微加热会比较美味。
- 杏子、三华李和西梅也同样可以制作。

杏仁奶油馅

1 盆里放入黄油、砂糖,用刮刀按压似地搅拌均匀。

2 用手竖着握住打蛋器,从12点到6点的位置大幅度地搅拌7~10次。时不时地转一下盆,反复这个动作。

3 反复操作10~15次后,黄油里面会充满空气,变得有点发白。

4 这个时候将18~20℃的蛋液分3次加入里面,每加一次都搅拌50~70次。最初的时候是画大圈搅拌,使蛋液和黄油融合,接下来就是加快速度搅拌。

5 夏天奶油特别容易融化,所以蛋液需要冷却到16℃左右以防止奶油变得太软。

6 加入杏仁粉后用刮刀均匀地搅拌混合。如果奶油变得有点软,就用盛有冰的水垫在下面稍微冷却一下。

入模

7 将步骤**6**的杏仁奶油抹进铺好挞皮的模子里。中心部位稍稍低一些,一直抹到挞模的最边上。

8 就这样放在冰箱冷藏30分钟。在此期间准备水果。

9 李子无间隔地以放射状摆在奶油上。

10 李子摆好的样子如图。放入190~200℃的烤箱烤1小时以上。

11 出炉后立刻脱模,确认底部有没有烤到位。放在网上待凉,焦的部分用剪刀剪去。抹上李子酱即可。

挞皮的制作方法和入模方法

材料	16cm的深口派盘2个	20cm的挞模1台/8cm的塔模6个
蛋黄	6g	4g多点
水	27g	20g
砂糖	3g	2g
盐	比2g稍微少点	1g
发酵黄油	105g	78g
低筋面粉	158g	118g

150g左右（1个）
→约用110g入模

220g（20cm）
→用180~190g入模
35g（8cm 1个）
→用30~32g入模

重点&准备工作
- 黄油放至适温。
- 低筋面粉过筛。
- 这里假设是和杏仁奶油一起烤的，从挞皮的制作方法、入模到插上小孔为止。

制作挞皮

1 将蛋黄和水混合，再加入砂糖，盐充分搅拌均匀放入冰箱冷藏室冷藏待用。

2 在另一个盆里放入黄油，用硅胶刮刀按压似地搅拌。整体的柔软程度一致就可以了，不要搅拌过头。

3 将低筋面粉混入步骤**2**中，用刮刀侧面弯度部位以切拌的方式搅拌。从右上方到左下方搅拌7~8次，转动盆90°。

4 步骤**3**重复10次左右。接下来将切拌好的面糊用刮刀在左下方反转一下。重复这个动作。

5 低筋面粉的白色部分几乎看不见了，整体像芝士粉一样的状态就可以了。到此为止，不要将黄油和低筋面粉过度搅拌。

6 将冷却的步骤**1**中的材料加入里面，以同步骤**3**相同的切拌方式搅拌。

7 水分慢慢被吸收，整体变得湿润的时候慢慢地用力切拌。刮刀倾斜着搅拌7~8下将面团集中在一起。

8 集中在一起的面团用保鲜膜包起来，整成厚2~2.5cm的长方形，放入冰箱冷藏一个晚上以上。

擀成挞皮立刻入模（16cm模子的情况下）

9
挞皮从冰箱取出后，切成约150g的2等份。在操作台上撒防粘粉（高筋面粉，分量外），四边轻轻地按一下，将角摁进去。

10
起初有点硬，用擀面杖轻轻地按压。按照中间→下面，中间→上面的顺序用擀面杖小尺度地移动，边用力边按压，再90°换方向重复以上步骤。

11
再次向操作台撒防粘粉，挞皮90°旋转，这次就是用擀面杖擀挞皮。按照中间→下面，中间→上面的顺序，再将挞皮换方向重复以上动作。

12
擀成20~21cm大小。事先测量好尺寸的话会比较好。厚度是3~4mm。注意不要擀过头了，不然会导致太薄了。

13
延伸后的挞皮比较容易回缩，可以先用手将挞皮托起，稍微让它们回缩一下。操作的时候每一次变换方向，都需要在操作台上撒防粘粉。

14
用擀面杖卷起挞皮，有防粘粉的一面朝上，将挞皮的中心对准模子的中心，快速地盖到上面。

15
为了让挞皮和模子的边紧密地贴在一起，首先将3cm左右的挞皮朝里面折一下，再将其向外折一下恢复原状，轻轻沿着边压下去。

16
步骤15重复一圈后，不要让空气进入底部，要使挞皮和模子密切贴在一起，将剩余的部分推向模子边缘的外侧。

17
用擀面杖在模子上面滚一下，将多余的部分去掉。切下来的挞皮有40g左右。1个模子大概需要铺进110g的挞皮。

18
从模子的内侧和外侧一起用手指压挞皮一周，将挞皮和模子密切贴在一起。这个时候，20cm的挞模需要向上压出比模子高3mm（防止回缩）。

19
挞皮的上面用叉子压上小孔。在使用之前一直要冷冻保存，这样可以保存约2周（图片是20cm的模子）。

挞皮冷冻保存比较方便

这款酥挞皮适合入模后冷冻保存。步骤18中使用的20cm挞模（模子比较浅，里面的奶油不能装太多），制作的时候需要挤出高于模子3mm。冷冻后边缘会变硬，装入奶油后不易溢出，比较利于操作。另外，杏仁奶油铺好模子的状态（如右图）也可以冷冻保存。使用前先将其放在室温下放一会儿后，再摆上水果进烤箱烤。

金橘芝麻挞

材料　　16cm的深口派盘1个

【挞皮】…150g（里面约110g入模）
→参考P046
【杏仁奶油馅】…200g
→参考P044
分量的70%左右
【糖浆金橘】…100g
→参考P029
白芝麻…约40g

重点&准备工作

- 糖浆金橘放在漏斗中沥掉糖浆。
- 白芝麻炒熟。
- 预热烤箱［烤制温度200℃ +（20~40）℃］。

1 挞皮入模，加入杏仁奶油110g。
2 糖浆金橘不要重叠地摆在杏仁奶油上。
3 剩余的杏仁奶油馅（90g）抹在金橘上，轻轻地将表面抹平，隐约看到金橘比较好。
4 在步骤3上撒上炒熟的芝麻。
5 抖落多余的芝麻，用200℃的烤箱烤50分钟以上。待表面的面糊颜色上色，变得深一些即可。

苹果挞

材料	16cm的深口派盘1个

【挞皮】…150g（里面约110g入模）
→参考P046
【杏仁奶油馅】·160g
→参考P044
分量的55%左右
苹果（红玉）··170g（去皮和核）
砂糖··2~3g
【小酥粒】…30~40g
→参考P054

重点&准备工作

· 苹果竖着切5~6份。将其按5~3mm的厚度切薄皮，不要分散开来，作为一个整体一起使用。
· 预热烤箱［烤制温度200℃ +（20~40）℃］。
· 其他糖浆如白桦、苹果、洋梨也很推荐。

1 挞皮入模，加入杏仁奶油馅。可以的话放在冰箱冷藏30分钟。
2 苹果的上面撒上砂糖，摆在步骤1里面。
3 将小酥粒均匀地撒在上面，200℃的烤箱烤50分钟。

甜夏橘挞

材料   8cm的挞6个

【挞皮】…220g（1个35g，大概用30g入模）
→参考P046
【杏仁奶油馅】…170g（1个约28g）
→参考P044
分量的60%左右
甜夏橘的皮碎…少量
甜夏橘…约270g（1个里面44g。将外皮的薄皮去掉）
【装饰】
杏子果酱（市贩品）…50g
甜夏橘果汁…1片份
甜夏橘的皮碎…少量

重点&准备工作

- 甜夏橘去掉外皮和薄皮。如果将果肉粒弄破的话会流失水分，所以不要用刀去薄皮，要用手剥掉。
- 预热烤箱［烤制温度180℃ +（20~40）℃］。

1 按P045的步骤**1~6**制作杏仁奶油馅，最后加入甜夏橘的皮碎。

2 将步骤**1**抹进铺有挞皮的模子里面，中间低四周稍微高一些。可以的话，放冰箱冷藏20分钟。

3 步骤**2**中每个放入44g左右的甜夏橘。放入180℃的烤箱，至饼皮和甜夏橘的一部分烤焦了为止，需要烤35~38分钟。

4 在小锅里面放入杏子酱，加入一片甜夏橘的果汁和皮碎加热。轻轻地沸腾就可以了。

5 步骤**3**中烤好的成品，趁热涂上步骤**4**的酱汁即可。

洋梨挞

| 材料 | 20cm的挞1个 |

【挞皮】…220g（入模180~190g）
→参考P046
【杏仁奶油馅】…280g
→参考P044
洋梨…280g（去皮和核）

重点&准备工作
· 洋梨竖着切5~6份，切成4~5mm的薄片待用。
· 预热烤箱［烤制温度200℃＋（20~40）℃］。

1 将挞皮入模后，抹上杏仁奶油馅。最好放在冰箱冷藏30分钟。
2 洋梨呈放射状地摆在步骤1的挞上。
3 以200℃的烤箱烤60分钟以上。烤好后将上面焦掉的部分用刀削掉，按自己的喜好撒上糖粉即可。

各种各样迷你挞（8cm）

跟左边的甜夏橘挞一样，每一台用35g（中间用30g入模），杏仁奶油馅28~32g，摆上水果40~45g，180℃的烤箱烤35~38分钟。趁热涂上杏子酱。

无花果

大黄和杏仁片

红布林

西梅

美国车厘子

苹果/洋梨

金橘/甜夏橘

 马芬

马芬也是可以放入不同水果，一年四季都可以制作的一款美味甜点。水果放在面糊里蒸的效果，和放在表面受热后凝缩的效果，可以让我们品尝到它加热后的另一种美味。这种蛋糕糊会恰到好处地吸收水果的水分，所以不会使面糊分离，感觉好像还没有烤熟。其他的也可以加入李子类或者香蕉等水果，尝试一下搭配各种各样水果的美味吧。

美国车厘子马芬

材料　　　　　　7cm的马芬模6个

【小酥粒】

＊完成后大约160g

⋯90g（1个约需要15g）

低筋面粉⋯45g

杏仁粉⋯45g

砂糖⋯33g

盐⋯1小撮

发酵黄油⋯40g

【马芬糊】

黄油⋯62g

黄砂糖⋯67g

砂糖⋯17g

全蛋⋯62g

低筋面粉⋯155g

泡打粉⋯4g

牛奶⋯62g

美国车厘子⋯120g（切开后去掉核）+ 装饰的6个

重点&准备工作

【小酥粒】

- 黄油切1cm大小放在冰箱冷藏。
- 低筋面粉和杏仁粉分别过筛。

【麦芬糊】

- 美国车厘子洗好后沥干水分，切半去核。装饰用的不需要切，直接连枝一起用。
- 黄油放至适温备用。
- 低筋面粉和泡打粉混合过筛。
- 马芬模子里面垫上马芬杯子。
- 预热烤箱［烤制温度180℃ +（20~40）℃］。

要点

【小酥粒】

- 这个小酥粒的配方，请参考P058。小酥粒奶酪蛋糕（P096）、酸橙的冻奶酪（P078）的饼底都是小酥粒做的，用处很广泛。
- 可以一次做很多，若放入冰箱冷冻，可保存约3周。

【马芬糊】

- 起初要充分打发好黄油，加入蛋液后再次充分打发增加里面的气泡，这样才能做出像云朵一般轻盈、入口即化的口感。
- 粉搅拌太多会导致面粉的筋度被搅拌出来，从而变得口感比较扎实，需要注意一下。在粉还残留一点的状态下加入水果是最理想的。

【小酥粒】

1	2

将黄油以外的材料放入盆内，用手轻轻混合。	再撒入冷藏后的黄油，用粉将它们裹起来。

用指尖捏碎黄油，先将黄油捏成两半，然后再次捏成两半，反复这个动作。

黄油变成无大颗粒，像奶酪粉一样的状态即可。如果需要加入香辛料，这个时候加入混合即可。

小酥粒的成形方法：用一只手抓起一把黄油粉，用手使劲儿捏5~6次。

再将步骤5的团一半一半地分开，用指尖轻轻剥开。

【马芬糊】

重复同样的动作，这个时候指尖如果用力去捏的话，酥脆的口感就会被破坏，先捏紧实了，再慢慢剥碎。

大小如图所示的颗粒就完成了，将这种状态的小酥粒撒在步骤17的马芬上。步骤4、步骤5或步骤8的材料需冷藏或者冷冻保存。

将黄油放入盆中，将黄砂糖和砂糖加入里面。用刮刀按压式地将砂糖和黄油融合。

电动打蛋器用高速打发3分钟，直至黄油变得很蓬松的状态为止。

再将蛋液分3次加入，每次加入都要用电动打蛋器打发1分30秒。

黄油和鸡蛋里充满了空气，变成很蓬松的感觉。

加入1/3量的面粉并用刮刀搅拌。通过盆的直径大幅度搅拌，从底部将面粉翻转，慢速地搅拌15次，边搅拌边旋转盆。

差不多还留一点粉的时候加入一半牛奶，以步骤13的搅拌方式搅拌8次。接下来，加入粉的1/3和牛奶，分别按相同的方法搅拌。

再将剩余的粉加进去搅拌10~12次。感觉还留有一点粉的感觉即可。

加入樱桃大幅度搅拌6次。

将1/6量的面糊放入马芬模里（每个约90g），每个撒上约15g的小酥粒（步骤8的小酥粒）。

装饰用的樱桃埋在中间，用180℃的烤箱烤25分钟以上。

苹果马芬
洋梨马芬

材料 7cm的马芬模6个（各3个）

【马芬糊】
　…和【美国车厘子马芬】同等量的量（1个约70g）
苹果果酱…45g（同15g）
　→参考P017
苹果（红玉）…45g（同15g。去掉皮和核）
洋梨…90g（同30g。去掉皮和核）
【小酥粒】…50~60g（同7~10g）
肉桂粉…1g
香菜子…1g

重点&准备工作

・苹果和洋梨各切成2~3cm大小的块状。用各自的糖浆水果也可以（P033，P034）。
・烤箱预热［烤制温度180℃ +（20~40）℃］。

1 小酥粒按照P054步骤**1~4**进行操作后分两份。一份放入肉桂粉，一份放入磨碎的香菜子。接下来按步骤**5~8**的说明制作成形即可。

2 马芬糊参考P055步骤**9~15**进行操作。将一半的面糊（35g）倒入模中。苹果马芬内放入苹果酱，再加入剩余的蛋糕糊，将新鲜的苹果摆在上面。撒上步骤**1**的肉桂小酥粒即可。

3 制作洋梨的马芬时，馅和装饰都用洋梨，再将步骤**1**的香菜子小酥粒撒上即可。

4 用180℃烤箱烤25~30分钟。

金橘马芬
甜夏橘马芬

材料 7cm的马芬模6个（各3个）

【马芬糊】
　…和【美国车厘子马芬】相同的量（1个约70g）
金橘…60g+装饰用（同20g。去掉子和蒂）
砂糖…适量
甜夏橘…60g+装饰用（同20g，去掉外皮和薄皮）
【小酥粒】…90g（同15g）
芝麻…4g
甜夏橘的皮碎…少量

重点&准备工作
· 用手轻轻地将甜夏橘的肉剥出来，稍微掰碎备用。
· 黑芝麻或白芝麻炒香备用。
· 烤箱预热[烤制温度180℃ +（20~40）℃]。

1    **2**    **3**

1 小酥粒按照P054步骤**1~4**的说明制作后分两份。一部分放入芝麻，一部分放入甜夏橘的皮碎混合。接下来按照步骤**5~8**的说明制作成形。

2 金橘切成1/4小块，在装饰前撒上砂糖。

3 马芬糊参考P055步骤**9~15**的说明进行操作。将一半面糊（35g）倒入模中，分别放入水果，再倒入剩余的马芬糊。

4 将装饰用的水果摆在步骤3的马芬上，将步骤**1**轻轻掰碎装饰在上面。金橘用放入芝麻的小酥粒，甜夏橘用加入皮碎的小酥粒。用180℃的烤箱烤25分钟以上。

酥饼粒

 酥饼粒

它可以和身边随处能买到的水果组合在一起，变成一款很简单的甜点。这个饼皮里面没有水分，使用了杏仁粉，所以不用担心搅拌过头等使饼皮变硬的问题，随便什么时候都可以享受到酥酥的口感。水果可以用新鲜的，也可以用糖浆水果，选择2~3种喜欢的水果，其中如果混入一款有酸味的水果，那整体的口味会搭配得更好。如果凉了，可以再次加热后食用。

洋梨和蓝莓

苹果酥饼

材料 直径18cm，约500mL的焗饭盘1个

苹果（红玉）…350g（去掉皮和核）
香草荚…1~2支
葡萄干…30g
核桃…40g
砂糖…3~5g
【小酥粒】…约160g
　→参考P054

重点&准备工作
- 将苹果切成2cm大小的块状。
- 香草荚使用去掉香草子后剩余的壳即可。
- 葡萄干稍微洗一下。
- 核桃用160℃的烤箱烤7~8分钟备用。
- 烤箱预热［烤制温度180℃ +（20~40）℃］。

1 将黄油（分量外）涂在耐热盘子的内侧。
2 整体铺上苹果。摆上香草荚，葡萄干和核桃随意撒在上面，整体再撒上薄薄的一层砂糖。
3 小酥粒按照P054步骤**1~8**的说明制作后，撒在步骤**2**材料上。再将剩余的核桃撒上，用180℃的烤箱烤到小酥粒上色为止，需要30~40分钟。

洋梨和蓝莓的酥饼

材料 14cm×14cm的焗饭盘1个

洋梨…200g（去皮和核）
蓝莓（冷冻）…60g
混合香辛料*…1g
【小酥粒】…约130g
　→参考P054

重点&准备工作
- 洋梨竖着切成4等份，再切成1cm厚的小块。
- *混合香辛料，按照肉桂粉2.5、肉豆蔻粉1、姜粉2、丁香粉1、茴芹2的比例混合在一起。也可以只用肉桂粉。
- 烤箱预热［烤制温度180℃ +（20~40）℃］。

1 将黄油（分量外）涂在耐热盘子的内侧。
2 盆里放入洋梨，同混合香辛料混合，再加入蓝莓。放入步骤**1**的盘子里。
3 小酥粒按照P054步骤**1~8**的说明制作，撒在步骤**2**的材料上。用180℃的烤箱烤到小酥粒上色为止，需要30~40分钟。边缘有沸腾的感觉，一部分小酥粒上色即可。

意式水果挞

意式水果挞

在饼皮上抹上果酱或者橘子酱烤制而成的传统意大利甜点"意式水果塔"。

让我联想到可以用一种叫作pasta flora的饼皮来制作,酥松的口感是它的特征。

用小尺寸的模子,里面可以放上各种自制的果酱。这个方法是住在西西里岛的料理研究家佐藤礼子老师教我的。在她的基础上,我加入了自己的想法,变成了一款美味的甜点。

材料　　　　　　　　10.5cm的挞3个

发酵黄油…82g
砂糖…75g
蛋黄…32g
水…20g
麦麸粉…100g
低筋面粉…100g
喜欢的果酱…120g
　　（这里使用了草莓果酱、大黄果酱、甜夏橘带皮果酱各40g）

重点&准备工作

・黄油放至适温备用。
・麦麸粉和低筋面粉混合过筛。
・麦麸粉使用了意大利的caouto rimatinata,硬质小麦粒子比较细。
・将变软的黄油抹在模子里（分量外）。
・烤箱预热烤箱预热［烤制温度180℃+（20~40）℃］。

要点

・将等量的低筋面粉和麦麸粉混合,可使口感变得很酥松。
・非常软的饼皮,所以需要放在冰箱的冷藏（或者冷冻）一下再开始成形,上下垫上保鲜膜,擀起来会更容易些。
・用保鲜膜包起来操作,不仅容易成形,还可以防止撒太多的防粘手粉,防止饼皮粘上过多手粉。

1  将黄油放入盆中，加入砂糖用刮刀按压式地搅拌。	**2**  用打蛋器搅拌直到变白为止，只要变成白色即可，不要搅拌过度。	**3**  蛋黄分2次加入，每加一次都要用打蛋器充分搅拌混合。	**4**  一点点地加入水混合。
5  面糊差不多混合的状态。注意不要让太多的空气进入面糊中。	**6**  将粉类混合过筛后加入，用刮刀从右上方开始，向左下方以按压的方式搅拌，注意不要搅拌过度。	**7**  刚开始的时候有点难以搅拌，但是慢慢会混合到一起的。饼皮非常软，混合后就不要再继续搅拌了。	**8**  分割面团。将面团分割成80g×3个，剩余的材料大约160g，将每个面团用保鲜膜包起来压平整，冷藏30分钟以上（或者冷冻10分钟）。
9  将步骤**8**的3个80g的面团取出，每个面团上下垫上保鲜膜后，面用擀面杖擀成13cm的圆形（厚4~5mm）。	**10**  揭掉一面的保鲜膜，将另一面有保鲜膜的面朝上盖在模子里。用手轻压，使饼皮和模子紧密贴合在一起。	**11**  放进冰箱冷藏30分钟（或冷冻10分钟）。	**12**  将步骤**11**的材料从冰箱取出，揭掉保鲜膜，用刀去掉多余的饼皮。
13  轻轻地用叉插上孔，放入40g自己喜欢的果酱。	**14**  步骤**8**的160g饼皮也同样用2张保鲜膜上下夹住，用擀面杖擀开，用滚刀切成条状。10.5cm的模子上各放4条11cm×1.2cm的饼皮（共12条）。	**15**  将饼皮放在步骤**13**的材料上。挞的边缘和饼皮黏合在一起，多余的用刀去掉。	**16**  一样的步骤将另外2条交错摆在上面。用180℃的烤箱烤至表面微微上色即可（30~35分钟）。

用一年四季的水果做出美味甜点

甜夏橘果冻

用日本的柑橘做出的清爽果冻。
也推荐用文旦、美生柑、葡萄柚来制作。
根据水果来调整砂糖的量。

材料　　　6cm的果冻模子5个份

水…70g
砂糖…45g
吉利丁片…7g
甜夏橘果汁…300g
柠檬汁…5g
甜夏橘皮碎…少量

重点&准备工作
吉利丁片浸泡在冷水里，放在冰箱冷藏。

1. 锅中放入水和砂糖，放在炉子上加热。沸腾后从炉子里取下来，加入吉利丁片使其融化。
2. 挤好的甜夏橘汁和柠檬汁混合后放入盆里，步骤1的材料趁热边过滤边加入里面，盆隔冰水冷却。
3. 变得有点黏稠后，将果冻液体倒入模子里，模子要事先蘸水备用。放入冰箱冷藏5小时以上。
4. 模子浸在45~50℃的热水中，将果冻脱模取出。装盘后撒上甜夏橘的皮碎，按个人喜好浇上甜夏橘的果汁和糖水混合的汁（分量外），口感会更好。

柠檬挞

柠檬奶油装进空烤后的塔挞里。第一印象是柠檬的酸味,黄油的浓郁味道在这之后会被体现出来。挞皮里放进了杏仁粉,所以口感非常酥脆。尽可能地将挞皮烤薄一些,就不会影响柔滑的柠檬奶油的口感了。

柠檬挞

材料	8cm的挞模4个

【挞皮】比较容易制作的量
- 发酵黄油…100g
- 糖粉…62g
- 鸡蛋…37g
- 杏仁粉…25g
- 低筋面粉…180g

【柠檬奶油】
- 发酵黄油…48g
- 黄油…48g
- 鸡蛋…62g
- 砂糖…58g
- 柠檬汁…58g
- 柠檬皮碎…约1/4个量

柠檬的表皮（装饰用）、砂糖…
　各少量

重点&准备工作
- 黄油放至适温。
- 低筋面粉和杏仁粉分别过筛。
- 预热烤箱［烤制温度180℃＋（20~40）℃］。

挞皮

1 将黄油放入盆中，加入糖粉，用刮刀以按压的方式搅拌。

2 用手握紧打蛋器，从外向里用力搅拌7~8次。少许转动盆可以更均匀地搅拌。

3 变得有点出现白色时，将蛋液分3次加入其中。每加1次都同步骤**2**一样大幅度地搅拌。

4 接下来加入杏仁粉。用刮刀搅拌使其混合。

5 低筋面粉边过筛边加入。

6 起初比较难以混合，用刮刀从右上方到左下方进行搅拌，到达左侧面时从下往上翻转面糊，反复这个动作。

7 基本看不到粉了，以用刮刀压面糊的感觉将其集中到一起。

8 用保鲜膜将面团包起来，将其整成9cm×16cm的长方形，放入冰箱冷藏一晚。

成型烤制

9 取出冷藏的饼皮,取约1/3的量,分成每个36g,用擀面杖擀成10cm圆形(厚2~3mm)。

10 将饼皮铺在模子里面,折角的地方也紧密贴合。

11 边缘多余的饼皮用刀去掉。铺模子用的饼皮约32g。

12 用叉插上小孔。冷冻1小时以上。

13 冷冻后的饼皮上垫上铝纸杯子,将重石填满模子,用180℃的烤箱烤23~25分钟。

14 从模子里取出空烤后的挞,放在冷却架上。

柠檬奶油

15 将2种黄油放在小容器里隔热水融化,使温度达到36℃左右。

16 在其他盆里放入鸡蛋,加入砂糖,用打蛋器搅拌混合。

17 在这里加入柠檬汁和柠檬皮碎。

18 再将步骤**15**的黄油倒入,混合至柔滑的程度。

19 倒入小锅里加热。用刮刀插到底部轻轻搅拌,不要太用力,"扑哧扑哧"有点沸腾的时候转小火加热。

20 煮1分30秒至2分钟,变得有点黏稠,可以看到锅底时将锅从炉具上取下,用网过滤。

21 将盆隔冰水冷却,轻轻地搅拌使其温度降至26℃左右。注意不要冷却过头。

22 将柠檬奶油倒入步骤**14**的挞皮里面,放置在冰箱冷藏5小时以上。用砂糖裹着的薄柠檬皮装饰在上面即可。

香蕉蛋糕（不是磅蛋糕，只是放在磅蛋糕模子里烤的一款蛋糕）

加入很多的香蕉，是香味逼人的"香蕉点心"。
因为加入了杏仁粉，水分比较少，所以不会感觉非常厚重。
因为控制了它的甜度，所以既能当点心，也能当早餐哦。

材料　　　20cm的磅蛋糕模子1个

发酵黄油…48g
砂糖…35g
黄糖…25g
全蛋…33g
杏仁粉…30g
低筋面粉…90g
泡打粉…4g
香蕉（完熟）…180g（去皮，去两端）
柠檬汁…6g

重点&准备工作

- 黄油放至适温。
- 杏仁粉过筛。
- 低筋面粉和泡打粉混合一起过筛。
- 将烤纸按模子大小裁剪后铺在里面。
- 烤箱预热［烤制温度180℃＋（20~40）℃］。

1

香蕉用叉子的背面碾碎后，加入柠檬汁搅拌。

2

盆里放入黄油、砂糖和黄糖，用刮刀以按压的方式搅拌混合。

3

整体混合到一起后，用电动打蛋器高速打发3分钟。变得蓬松发白为止。

4

将全蛋液分2次加入里面，每加一次都用打蛋器打发2分钟。

5

换刮刀，将过筛的杏仁粉加入并搅拌混合。

6

将步骤1的香蕉倒入混合。

7

粉类过筛加入。从盆的右上方开始到左下方，将刮刀面垂直抵到盆底，以推动面糊的感觉慢慢搅拌，到达左侧的时候将面糊翻转。这个动作反复操作30~35次。

8

混合完毕后。看不见粉类即可，注意不要搅拌过头。

9

将面糊倒入垫着烤纸的模子里。这个时候面糊大约到模子的一半。用180℃的烤箱烤40~45分钟。

10

面糊的裂缝处上色了即可。从模子里取出来后，放在冷却架上冷却。

香蕉奶油蛋糕

材料　　　　　　　　　　　　　　　　　　　　　　4个分

【焦糖汁】
　淡奶油…36g
　牛奶…19g
　砂糖…40g
　水饴…8g
　香蕉…小的3根（分成4等份）

淡奶油…200g
牛奶…8g
砂糖…10g
【海绵蛋糕坯】…4个（15cm 圆形蛋糕1个）
→参考P092

焦糖汁

1. 盆里加入淡奶油和牛奶，隔热水加热至40℃。

2. 将小奶锅放在炉子上开火加热，锅变热后加入砂糖。接下来会变得有点焦，待颜色变成很深的琥珀色后关火。颜色比布丁的焦糖汁还要深一点。

3. 这里将步骤1分3次加入，每加一次都要用刮刀搅拌均匀。过程中材料会飞溅出来，所以注意不要被烫伤。融合到一起后加入水饴。

4. 再次加热，开始冒泡立刻关火冷却。根据锅的大小和熬煮的过程，焦糖汁变硬的情况也会产生。

装饰

5. 将淡奶油、牛奶、砂糖倒入盆中，隔冰水用电动打蛋器打至八分发即可。

6. 海绵坯子用1cm的木棍夹在两边，取4片待用。

7. 在操作台上垫保鲜膜，放上1片面坯。整齐的面朝下（外侧）。用挤花嘴在中间挤1条奶油。

8. 奶油的内侧放上香蕉，再将步骤4的焦糖汁用勺子摆在香蕉上。大约2小勺的量。

9. 再在上面挤上1条奶油。

10. 按照从远离身体一侧到靠近身体一侧的顺序，将海绵蛋糕卷起来，将奶油和香蕉包进去，蛋糕的边与边要对整齐。

11. 从侧面看的样子。

12. 稍微放一会儿，装盘时，用淡奶油、焦糖汁和糖粉装饰即可（全部都是分量外）。

专　栏

不可思议的充满魅力的大黄

英国、美国的甜点书上经常登场的大黄派、挞、酥饼。大黄这个词语听起来就很有异国情调，它是我很久以前就一直期待使用的原料之一。现在东京栽培大黄的地方也日益渐增，我的甜点教室所在的东京小京井的JA直售市场，从初夏到秋天也会出售一些新鲜的大黄。

乍一看感觉像野生的蕗，叶子很大，红绿色的茎，大大的叶子有种荒野的感觉，将茎切断煮后，会发现有一种其他酸味不能代替的清爽的酸味，非常适合拿来做果酱或者内馅。

也许是缘分吧，数十年来，我都是从长野县上水内郡信浓市的平塚昭男先生和他朋友的农园里面购买大黄。信浓市是个不为人知的大黄名产地，栽培的历史在日本也是首屈一指的。大黄从每年的5月到霜降的11月为止，收获时期比较长，所以可以用新鲜的大黄制作各种各样的甜点。

食用的不仅是茎，表面的筋也不需要去掉，切成段后放入锅中，很快可以煮碎。里面含有的水分适中，食物纤维也多，黏黏的口感可以用来做甜点的内馅，另外，跟黄油和鸡蛋也非常搭配。煮的时候会有一种让人意想不到的怪味，但是，完成后却有独特的香味和强烈的酸味，让人有些上瘾。这个差距确实比较有意思，这就是不可思议的大黄的魅力。

平塚先生的大黄田地，同信浓市其他种植大黄的农民一样，都是受居住在附近野尻湖畔的外国人宣老师的委托所种植的。原产南西伯利亚的大黄，适宜在海拔比较高且凉快的地方种植，因此，在信浓市的长势非常好。这个市非常适合栽培大黄，据说不需要进行打理，一株大黄一个季节可以收割好几次。

也针对个人出售。

无须挞皮随心所欲的挞

无须挞皮随心所欲的挞

只需将面糊倒入垫着烤纸的模子里，放上水果烤制即可的挞。
不需要挞皮的一款简单快手挞。
这款挞好比美丽可爱的少女，千变万化。
香菜子的香味和大黄的酸味，集合了杏仁的风味，
感觉像初夏迷人又清爽的味道。

材料　直径12cm×高3.3cm的圆形浅模2个

香菜子（颗粒和粉末）⋯共3g
发酵黄油⋯76g
黄糖⋯62g
蛋黄⋯37g
淡奶油⋯10g
杏仁粉⋯36g
低筋面粉⋯70g
泡打粉⋯3g
大黄⋯180g
蛋白⋯10g
砂糖⋯33g
杏仁片⋯33g

重点&准备工作

- 黄油放至适温备用。
- 低筋面粉和泡打粉混合过筛。
- 使用新鲜的大黄。将茎切成2cm大小，不要将筋去掉。
- 剪一张圆形烤纸垫在模子里面。
- 预热烤箱［烤制温度190℃+（20~40）℃］。

要点

- 使用一半香菜子颗粒和一半粉末，香味会非常浓郁。颗粒需要稍微研磨一下，不要磨得太碎。
- 大黄的上面放上混合的砂糖、蛋白、杏仁片，可以使表面变得更香酥。
- 水果可以用杏子、白桃、菠萝代替也很美味哦。

1 香菜子颗粒用研磨器稍微磨一下。

2 盆里放入黄油、黄糖,用刮刀以按压的方式搅拌混合。

3 然后换打蛋器从外向里用力搅拌7~8次。稍微转动盆可以更均匀地搅拌。

4 整体颜色变白后,将蛋黄一点一点加入步骤3里,每加一点都要充分搅拌使其混合。

5 再加入淡奶油搅拌。

6 换刮刀,将杏仁粉加入混合。

7 再将粉类加入盆里。从盆的右上到左下方,通过中心部位,搅拌30~35次。

8 搅拌至粉基本看不见的状态即可,不要搅拌过度。

9 将步骤1研磨好的香菜子和粉末一起加入混合。

10 将面糊倒入垫有烤纸的模子里,每个140g,抹平。

11 大黄每个里面放90g。

12 在别的盆里放入蛋白、砂糖、杏仁片,用手指混合。砂糖融化后整体会自然混合到一起。

13 均匀地铺在步骤11的上面,用190℃的烤箱烤35~40分钟。

酸橙的冻奶酪蛋糕

酸橙的酸味和带来的爽快感在嘴里蔓延开来。这边没有直接添加沙司,而是添加了一层看上去也很清凉的啫喱。跟一般的冻奶酪蛋糕的味道大大不同,是一款适合夏天的清爽慕斯,请大家一定试试哦。

巨峰香草慕斯

感觉像香草冰激凌一样,浓郁醇厚的慕斯。
最初将蛋黄充分打发,不需要蛋白霜也能像巴伐利亚一样入口即化。
香味浓郁的巨峰和三华李沙司,顶级的美味享受。

酸橙的冻奶酪蛋糕

| 材料 | 15cm的慕斯圈1个 |

【小酥粒】…120g
　→参考P054
【奶酪部分】
　奶油奶酪（kiri奶酪）…110g
　砂糖…45g
　蛋黄…10g
　酸奶油…37g
　酸橙果汁…45g
　吉利丁片…比5g稍微少一点
　酸橙皮碎…约1/6个份
　淡奶油…130g
【酸橙啫喱】
　水…70g
　砂糖…70g
　吉利丁片…4g
　酸橙果汁…30g
　酸橙皮碎…适量

重点&准备工作

- 奶油奶酪加热至20℃左右。
- 吉利丁片浸泡在冷水中，放冰箱冷藏备用。
- 准备一张比慕斯圈大一些的烤纸。
- 烤盘上铺上烤纸，再将慕斯圈放在烤纸上。
- 模子内侧垫上OPP塑料纸。
- 预热烤箱［烤制温度180℃＋（20~40）℃］。

要点

- 冻奶酪和啫喱都加入了酸橙皮碎和果汁，所以是一款味道非常清爽的蛋糕。
- 底下的饼皮用小酥粒制作，既省时又方便。
- 奶油奶酪直接接触慕斯圈的话会有铁的气味，所以请一定要垫上OPP塑料纸。

小酥粒

1 小酥粒按P054步骤 **1~4** 的顺序制作，铺在慕斯圈里。不要出现缝隙，轻轻按压铺平。用180℃的烤箱烤18~20分钟。

2 烤好后放在网上冷却，垫上OPP塑料纸，不要让奶酪糊直接接触慕斯圈。

奶酪部分

3 将奶油奶酪放入盆中，加入砂糖，用刮刀搅拌。

4 换打蛋器，加入蛋黄并充分搅拌混合。

5 加入酸奶油，按同样的方法搅拌混合。

6 过滤后的酸橙汁分3次加入，充分混合至柔滑。

7 在另一盆里放入挤干水分的吉利丁片，隔热水融化使其温度至40℃略高一点。

8 从步骤6中取1/6量的奶酪糊倒入步骤7的材料中，用打蛋器充分搅拌。

9 再将步骤8边过滤边加入步骤6中，搅拌混合。

10 加入酸橙皮碎。

酸橙啫喱

11 在另一盆里放入淡奶油，隔冰水用电动打蛋器打至八分发。

12 步骤10的奶酪糊大约16℃时（温度如果太高可以短时间隔冰水冷却），将步骤11的材料一次加入后，用打蛋器搅拌均匀。

13 将步骤12倒入步骤2中，用刮刀抹平表面。冷藏5小时以上使其凝固。在加啫喱之前，请一直放在冰箱待用。

14 小锅里放入砂糖和水加热。沸腾后，将挤干水分的吉利丁片加入里面融化。

15 从炉具上取下来，加入酸橙果汁。

16 倒入盆中，隔冰水冷却，再加入酸橙皮碎。

17 就这样边冷却边搅拌，直到变黏稠为止。

18 将步骤17全部倒在步骤13上，抹平表面，放入冰箱冷藏1小时以上待其凝固即可。

巨峰香草慕斯

材料　　　　　　20cm的青铜花模1个

【香草慕斯】
- 葡萄（巨峰）…15~20粒
- 蛋黄…83g
- 砂糖…78g
- 牛奶…260g
- 香草子…4cm的量
- 吉利丁片…9g
- 淡奶油…230g
- 季节的水果（西梅、红布林、大石李子、蓝莓、草莓、无花果等）…适量

【三华李沙司】…适量
→参照P025页

重点&准备工作
- 香草子从香草荚里取出来，荚也一起用。
- 吉利丁片浸泡在水里放在冰箱冷藏。

要点

- 最初将蛋黄充分打发，和牛奶一起加热成奶油沙司。这个蛋黄的发泡即使加热也不容易损坏，口感柔软、入口即化、味道浓郁。
- 青铜花模是像花一样有凹凸的花环状模子。也可以用天使模或圆形模子代替，也可以用杯子直接做成杯子甜点。
- 除了巨峰，还可以用糖浆洋梨（P033）等代替，也很美味。

1. 去掉巨峰的皮，切开后去掉中间的子。

2. 将蛋黄和2/3的砂糖放入盆中，用打蛋器搅拌。

3. 将牛奶和剩余的砂糖倒入锅里，香草子和荚一起放入加热。在进行步骤4的时候将它加热至沸腾。

4. 步骤2的蛋黄用电动打蛋器高速打发3~4分钟，直至打发至蓬松柔军状态。

5. 将步骤3的材料加入后充分搅拌。

6. 再将其倒入锅中，用极小的火加热。刮刀不要离开锅底，轻轻搅拌。3分钟左右泡会慢慢消掉。

7. 再继续用小火加热，能够隐约看到锅底且有点浓稠度时关火（刮刀上用手指划过且留下痕迹即可）。

8. 加入吉利丁片，用搅拌器搅拌直至完全融化。

9. 用过滤网过滤后，将盆隔冰水冷却。轻轻搅拌直到液体变得稍微黏稠，温度约为20℃以下，从冰水上取下来。

10. 这个期间，在另一盆里打发淡奶油，打至八分发。

11. 打发好的淡奶油一次性加入步骤9中，用打蛋器如像向上捞面似的搅拌。

12. 再用刮刀大幅度搅拌，确认有没有完全混合。

13. 防粘的青铜花模里倒入步骤12中材料总量的1/4。

14. 将步骤1的巨峰合并成圆形后摆在里面。

15. 将剩余的慕斯糊倒入里面，将表面抹匀。放入冰箱冷藏7小时以上。

16. 将青铜花模浸泡在约50℃的热水中，迅速将模子反转放在盘子上，取出慕斯，用当季水果和三华李沙司装饰。

两种意大利水果沙拉

材料 比较容易制作的量

【浸泡液】

水…140g
砂糖…50g
柠檬汁…10g
柠檬皮碎…1/2~1个的量
樱桃酒…30g
当季水果…约500g
（去皮、核或子）
杧果、菠萝、葡萄柚（粉色或者黄色）、猕猴桃、葡萄（德拉瓦尔，日本珍珠葡萄）、西梅、酸橙等

1 将砂糖和水放入锅里加热，沸腾后关火。冷却后加入柠檬汁、柠檬皮碎和樱桃酒。

2 水果切成同样大小。

3 将步骤1和步骤2的材料混合，放入冰箱冷藏1小时以上。中途需搅拌一下，使其充分吸收浸泡液。装盘后放上自己喜欢的香草即可。

4 以黄色水果为主，热带风情十足。这个浸泡液适合各种水果。

材料 比较容易制作的量

【浸泡液】

　　水…130g

　　砂糖…40g

　　蜂蜜…30g

　　八角…1个

　　柠檬汁…30g

　　柠檬皮碎…3/4个量

　　盐…少量

当季水果…约500g

　　（去皮、去核或者子）

　　梨（幸水）、西瓜、无花果、葡萄（巨峰）、猕猴桃、蓝莓等

和左边一样，将柠檬汁和皮碎之外的材料混合，加热至沸腾，冷却后加入前面两样原料。混合水果放在冰箱冷藏1小时以上。完成前放一小撮盐，将味道凝聚起来。

加入八角、梨、西瓜等水果。加入蜂蜜后的味道感觉很奇妙。

白桃果冻

材料　　　　　　7cm的果冻模约5个

琼脂…10g
砂糖…50g
水…250g
糖浆白桃的糖水…300g
→参考P033
柠檬汁…15g
糖浆白桃…4~5片
→同上

重点&准备工作
糖浆白桃切成适当的大小。

要点

- 琼脂是寒天一类的凝固剂，完成后即使在室温下也不会融化，能很好地凝固在一起。
- 这个果冻液体只要温度下降就会立刻凝固，所以没有时间过滤。在每个过程里，注意不要出现结块或不完全融化的现象。
- 用大的模子做好后切开也可以。
- 用新鲜的白桃也很美味。
- 用糖浆油桃（P033）制作的时候，柠檬汁为10g。

1 琼脂和砂糖充分混合。
2 将步骤**1**的材料和水放入锅中混合后，加热使其融化。
3 开火加热，沸腾后用打蛋器继续搅拌1分钟后，从炉具上取下。
4 立刻加入糖浆液，充分混合。
5 接着加入柠檬汁混合。
6 将果冻液倒入蘸过水的模子中，撒上切碎的水果，果肉浮上来的话用保鲜膜盖上，上面用盘子等压住即可。放在冷藏库冷藏2小时以上。

白桃果冻

西瓜沙冰

材料	比较容易制作的量

西瓜…300g（去皮和子）
砂糖…20g
水…60g

1 将所有原料放在搅拌机里，搅拌成柔滑的果汁。
2 倒入不锈钢容器里，冷冻一晚。
3 冻成冰块后，用勺子刮成碎冰状。刮出来的部分再次放入冰箱冷冻，食用前装在容器里。撒一小撮盐（分量外）的话，甜味会更显著。

要点

- 使用西瓜红色较甜的部分。
- 除了西瓜，还可以用菠萝、甜夏橘、猕猴桃（稍微去掉一些白色部分和子）等水果，也可以制作出美味沙冰。

各种夏天的果汁、饮品和凉果

用新鲜的李子、苦瓜制作的果汁,
试着将一些新鲜的味道集中到一起。
每一款都有让你惊讶的美味。
独特的酸味和苦味,
带你走进饮品世界。
有几款成品比较容易变色。
请尽可能地在制作后立刻品尝。

三华李果汁

杧果雪葩

菠萝苦瓜汁

香蕉&苦瓜的果汁

蓝莓的酸奶奶昔

生姜苏打水

大石李子苏打水

● 三华李果汁

材料
三华李（完熟）…130g（去核）
葡萄柚（粉色）…60g（去外皮和薄皮）
柠檬汁…6g
砂糖…30g
水…55g

三华李不用去皮，切成适当的大小，和葡萄柚一起将所有原料放在搅拌机里搅拌即可。大石等其他李子也可以制作。

● 杧果雪葩

材料
杧果…150g（去掉皮和核后冷冻保存。也可直接用冷冻成品）
水…40g
炼乳…30g
柠檬汁…5g
冰块…4~5个

所有的原料放在搅拌机里搅拌。装到容器内，如果有薄荷，可以用薄荷装饰。这是一款在越南很常见的水果+炼乳的雪葩。

● 菠萝苦瓜汁

材料
菠萝（完熟）…80g（去掉皮和硬心）
苦瓜…20g（去蒂、去瓜瓤纤维和子）
酸橙果汁（或者柠檬）…7g
砂糖…10g
水…20g
冰块…3个

将菠萝和苦瓜切成适当的大小，全部的原料放入搅拌机里搅拌即可。

● 香蕉&苦瓜的果汁

材料
香蕉（完熟）…90g（去皮）
苦瓜…20g（去蒂、去瓜瓤纤维和子）
酸橙果汁（或者柠檬汁）…7g
砂糖…10g
水…20g
冰块…5个

将香蕉和苦瓜切成适当的大小，全部的原料放在搅拌机里搅拌即可。

● 蓝莓的酸奶奶昔

材料
蓝莓…80g（将新鲜的冷冻，也可直接用冷冻成品）
原味酸奶…50g
砂糖…20g
水…35g
柠檬汁…8g
冰块…4个

所有材料放进搅拌机里搅拌即可。

● 生姜苏打水

材料
糖煮嫩姜的汁…60g
　→参考P 034
苏打水…80g

玻璃杯里放入糖煮嫩姜的汁，再加入苏打水搅拌即可。

● 大石李子苏打水

材料
糖浆李子的汁（糖水）…60g
　→参考P 026
苏打水…80g

玻璃杯里加入糖浆后再加入苏打水。如果有酸橙可以切一片用于装饰。

菠萝海绵奶油蛋糕

水果奶油蛋糕里面的水果，不仅仅局限于草莓。
在不是草莓季的夏天，推荐使用熟透的菠萝。
在Oven Mitten，菠萝几乎是夏季的人气商品。
新鲜的菠萝有着丰富的汁水，酸甜适中，非常适合制作奶油蛋糕。

材料　　　　　15cm的圆形模子1个

海绵蛋糕坯
　　水饴…4g
　　鸡蛋…95g
　　砂糖…70g
　　发酵黄油…16g
　　牛奶…25g
　　低筋面粉…63g
菠萝（新鲜）…约1/3个
（去掉皮和硬心）
淡奶油…240g
牛奶…10g
砂糖…15g
糖水…适量
　　水…53g
　　砂糖…18g
　　樱桃酒…13g
蓝莓（新鲜）…10~15粒
薄荷叶…适量

重点&准备工作

· 低筋面粉过筛备用。
· 圆形模子内围和底部垫上烤纸。
· 预热烤箱［烤制温度160℃+（20~40）℃］。
· 烤好后的海绵蛋糕坯，若冷藏可以保存1天，若冷冻可以保存2周左右。
· 糖水的制作方法：将水和砂糖混合后加热，沸腾后从炉子上取下冷却，冷却后加入樱桃酒。
· 菠萝竖着切10等份，将皮多去掉一些，去掉硬心，切成7~8mm厚的片状。

海绵蛋糕坯

1 将水饴隔热水加热至40℃左右。为了防止表面干燥和温度下降,表面用保鲜膜盖上。

2 将鸡蛋放入直径15~18cm的盆中,用打蛋器打散后加入砂糖搅拌。隔热水搅拌使砂糖融化。

3 步骤**2**的材料加热到适当温度(夏季38~40℃,冬季41~42℃)后,从热水中取出,加入步骤**1**的水饴,充分搅拌使水饴融化。

4 步骤**3**用电动打蛋器高速打发。打蛋头垂直,在盆里画圈,以1秒2周的速度画大圈打发。

5 大约打发4分钟,用蛋糕画一个"の"字。文字几秒内不消失就代表打发好了。如果立刻消失的话,请再继续打发30秒至1分钟。

6 为了增加细腻的发泡,将电动打蛋器开低速打发2~3分钟。将电动打蛋器垂直固定在身前方,隔15秒将盆转60°左右,继续重复以上动作。

7 进行步骤**6**的同时,将黄油和牛奶放在小容器里隔热水融化。

8 待步骤**6**的发泡变得细腻有光泽即可。一直打发到图片的状态。

9 用刮刀在盆壁上快速刮一圈,将黏着的面糊刮下来,再次划动面糊将面糊少许挂到盆壁上。

10 再次将过筛后的低筋面粉边过筛边加入步骤**9**中。

11 现在将面粉拌入蛋糕中。将刮刀从盆的2点钟位置,沿着中心的底部再到达8点钟的位置移动。(刮刀垂直插入,用左侧面去推动面糊)

12 接着上面的动作,再沿着盆壁从8点钟到10点钟的位置移动刮刀。这个时候左手将盆逆时针转60°左右。

装饰

13 自然地反转手腕，将蛋糕糊落到中心稍微偏右边的位置。重复步骤**11~13**的动作，搅拌约40次时，将步骤**7**倒入其中，再搅拌110次。

14 蛋糕糊变得柔滑有光泽，掉落的时候干脆利落即可。

15 蛋糕糊制作好后立刻入模，用160°的烤箱烤到上色为止，29~31分钟。烤好后取出来，将模子在桌子上震一下防止回缩，再轻轻脱模取出来，放在网上冷却。

16 将淡奶油、牛奶、砂糖放入盆中，隔冰水打至八分发。

17 将步骤**15**中冷却后的海绵坯子的底部薄薄去掉一层，两边垫上1.5cm的木条后，将蛋糕分3片。

18 在裱花转台上放一片蛋糕坯，用刷子从外侧向内侧均匀地刷上糖水。

19 接下来将步骤**16**的淡奶油取大约25g放在上面，用抹刀抹平。

20 摆上菠萝。

21 再加上一点奶油，将菠萝的缝隙填上并且抹平。

22 在第二片海绵坯子上轻轻刷上糖水，将刷糖水的面朝下放到步骤**21**的材料上。上面也均匀刷上糖水，重复步骤**19~21**的顺序。

23 再将两片都刷上糖水的海绵坯子放在上面。抹上一层薄薄的淡奶油，侧面也抹上。

24 将折角的奶油抹平后，再在上面放上大量的奶油，抹成感觉像要流下来的状态。

25 再用菠萝、蓝莓和薄荷装饰表面即可。

小酥粒奶酪蛋糕

苹果味

菠萝味

黑加仑味

小酥粒苹果奶酪蛋糕

完全像半熟奶酪蛋糕的感觉
非常柔软入口即化的奶酪蛋糕。
短时间加热是为了保留奶酪的半熟感。
不需要饼底，操作时间短是它的一大魅力。
表面装饰的酥酥的小酥粒恰到好处。

材料	15cm圆形模子1个
【小酥粒】	
低筋面粉…20g	
杏仁粉…20g	
砂糖…15g	
发酵黄油…13g	
盐…少许	
肉桂粉…1/8小勺	
【奶酪蛋糕糊】	
奶油奶酪（kiri奶酪）…190g	
香草子…2~3cm的份	
砂糖…55g	
黄油…22g	
酸奶油…50g	
全蛋…54g	
蛋黄…18g	
玉米淀粉…6g	
糖浆苹果粒…140g	
→参考P034	

重点&准备工作

- 奶油奶酪加热至16°左右，黄油和酸奶油加热到20°左右。
- 全蛋和蛋黄混合待用。
- 糖浆苹果放入漏斗里沥掉糖浆。
- 在底部不能活动的圆形模子里垫上烤纸。
- 预热烤箱［烤制温度180°+（20~40）℃］。

要点

- 烤的时间过长，蛋糕会变硬，口感会变得比较糙。
- 将小酥粒一半的量混入肉桂粉以增加香气。

小酥粒

1. 小酥粒按P054步骤**1~4**的顺序制作。一半的量里放入肉桂粉,不要过度揉捏,放在冰箱冷藏待用。

奶酪蛋糕糊

2. 将奶油奶酪和香草子放入盆中,加入砂糖后用刮刀以按压的方式混合搅拌。

3. 16℃的奶油奶酪有一点硬,难以混合。但是,温度过高会导致奶酪糊太软,所以请保持这个温度。

4. 搅拌均匀后换入蛋黄,搅拌至柔滑。

5. 小碗里的黄油充分拌软后加入步骤**4**的材料中。

6. 黄油混入奶酪糊里后再加入酸奶油。奶酪糊会变得越来越有劲,用力搅拌。

7. 将全蛋和蛋黄液分3次加入,每加一次都要充分搅拌,让奶酪糊充满空气。

8. 加入玉米淀粉,快速均匀地搅拌。

9. 将奶酪糊的2/3倒入模中。

10. 再将糖浆苹果撒落在上面。

11. 最后将剩余的奶酪糊倒入,表面抹平即可。

12. 撒上步骤**1**的小酥粒。小酥粒的成形请参考P054步骤**5~8**的说明。肉桂粉的均匀程度会影响味道的浓淡,不过这个没有太大问题。

13. 用180℃的烤箱烤24~25分钟。从最初的高度再膨胀1~1.5cm,中间的部分摸上去还是很软的状态就可以。将整个模子放在网上冷却,待凉后放入冰箱冷藏3小时以上再脱模。冷却后会恢复到原来的高度。

小酥粒菠萝奶酪蛋糕

| 材料 | 12cm的圆形模子2个 |

【小酥粒】
　　低筋面粉…26g
　　杏仁粉…26g
　　砂糖…20g
　　发酵黄油…17g
　　盐…少许
椰蓉…10g
【奶酪蛋糕糊】
　　奶油奶酪（kiri奶酪）…240g
　　香草子…4cm的长度
　　砂糖…70g
　　黄油…28g
　　酸奶油…63g
　　全蛋…68g
　　蛋黄…23g
　　玉米淀粉…7g
菠萝（新鲜）…150g
　　（去掉皮和硬心）

1 小酥粒按P054步骤**1~4**的顺序制作。加入椰蓉混合。使用之前放在冰箱冷藏待用。
2 奶酪蛋糕糊按照P099步骤**2~8**的顺序制作，将两个模子里面各放入2/3量的奶酪糊，再将切成2cm大小的菠萝撒落在上面，接下来也是一样。撒上步骤**1**的小酥粒后，用180℃的烤箱烤20分钟左右即可。

小酥粒黑加仑奶酪蛋糕

| 材料 | 9cm的圆形模子3个 |

【小酥粒】
　　…和"小酥粒菠萝奶酪蛋糕"等量
柠檬皮碎…1/4个量
【奶酪蛋糕糊】
　　…和"小酥粒苹果芝士蛋糕"等量，糖浆苹果换成126g冷冻黑加仑和3g砂糖。

1 小酥粒按P054步骤**1~4**的顺序制作。加入柠檬皮碎混合。使用之前放在冰箱冷藏待用。
2 奶酪蛋糕糊按照P099步骤**2~8**的顺序制作，将奶酪糊平均倒入3个模子里。上面撒上裹着砂糖的黑加仑，再撒上步骤**1**的小酥粒，用180℃的烤箱烤约20分钟即可。

苹果蛋糕卷

材料　　　　　　　　　　　　　　　　　　30cm×30cm 的烤盘1个

【蛋糕卷面糊】　　　　　　　【夹馅】
　牛奶…40g　　　　　　　　　淡奶油…120g
　香草子…2~3cm的长度　　　　牛奶…3g
　全蛋…200g　　　　　　　　　砂糖…5g
　砂糖…95g　　　　　　　　　 糖浆苹果粒…
　低筋面粉…80g　　　　　　　　200~220g
　　　　　　　　　　　　　　　→参考P.034

苹果蛋糕卷

重点&准备工作
- 香草荚用刀剖开后取出子待用。
- 糖浆苹果放在漏斗里沥掉糖浆。
- 烤盘里铺上烤纸。侧面的纸需要高出模子1~1.5cm。
- 两枚烤盘重叠，使用下火慢慢加热。
- 预热烤箱［烤制温度200℃ +（20~40）℃］

蛋糕卷面糊

1 牛奶里加入香草子搅拌均匀。在步骤**5**的时候放到炉具上加热。

2 将全蛋放入盆中打散，加入砂糖搅拌。

3 将步骤**2**隔热水加热至38℃后取下来，用电动打蛋器高速打发4分半至5分钟。打蛋器接触到盆壁大幅度画圈搅拌。

4 蛋糕糊可以写出"の"字即可。

5 接下来用低速打发2~3分钟。蛋抽固定在身体前方，每隔20秒将盆逆时针转动60°，将大的气泡卷进蛋抽里。

6 换刮刀，刮盆一圈，再将面糊贴到盆壁上。

7 将低筋面粉边过筛边加入里面。

8 用刮刀的侧面大幅度搅拌。从盆的2点钟到8点钟的位置，用刮刀侧面像推面糊的感觉一样搅拌。

9 接着上面的动作再沿着盆壁从8点钟到10点钟的位置移动刮刀。这个时候左手将盆逆时针转60°。重复以上动作。

10 搅拌至粉类几乎看不见时，再加入热好的步骤**1**的牛奶，用同样方法搅拌。步骤**8~10**合计搅拌100~120次。

11 将蛋糕糊倒入垫着烤纸的烤盘上，用刮板从中心将面糊刮到四周。

12 用刮板将身前方的蛋糕糊从左刮到右，再转动烤盘重复同样的动作，直到刮整齐四边的蛋糕糊。

13 将烤盘轻轻落到桌面上，将多余的空气排出。将两只烤盘重叠，用200℃的烤箱加热至表面上色为止。17~18分钟。

14 烤好后将蛋糕卷从烤盘上取出来放在网上冷却。

装饰成型

15 将淡奶油、牛奶和砂糖放入盆中，隔冰水用电动打蛋器高速打至八分发。

16 待步骤**14**的蛋糕坯冷却后反转，将烤纸去掉。这个纸用来卷蛋糕卷，所以请不要扔掉。表面如果有结块请去掉。

17 在操作台上铺上步骤**16**揭下来的烤纸，将蛋糕坯的表面朝下放。将步骤**15**的奶油放在蛋糕坯中间，成一条直线状。

18 使用L形抹刀，首先从中间向前方推开奶油。从靠右侧10cm的位置将奶油薄薄地推开。

19 用同样的方法向前方推开奶油。共计3次。为了不破坏奶油的柔软口感，请不要过于接触奶油。

20 接下来从中间向后用同样方法抹平奶油。

21 在距离边缘1cm处将去掉糖浆的苹果粒铺在奶油上，大约铺7cm即可。

22 用手拎起纸两端靠里5cm的地方。将身体前方的蛋糕卷轻轻往里卷3cm。

23 用抹刀将露出来的苹果和奶油整理齐，将粗细调整均匀。

24 用同步骤**22**一样的方法拎起纸两端靠里5cm的地方，拎高至10cm的位置。

25 就这样用左右均匀的力气推向前下方。就自然地卷成蛋糕卷了，不需要刻意地去卷它。

26 卷完后使其成"の"字，用纸包起来，放在冰箱冷藏30分钟以上。

27 步骤**26**侧面的样子，大概7.5cm高。按自己喜好撒上糖粉。

和栗迷你蛋糕卷

| 材料 | 30cm×30cm的烤盘1个 |

【蛋糕卷面糊】
⋯用"苹果蛋糕卷"的蛋糕糊的80%的量铺在烤盘上烤成薄薄的蛋糕片。缩短烤制时间。
淡奶油⋯适量

"和栗奶油"容易制作的量
　　栗⋯300g（用水煮后去掉外面的硬皮和里面的皮）
　　砂糖⋯100g
　　淡奶油⋯43g（煮沸后冷却至36℃）
　　黄油⋯43g（放至室温）

和栗奶油
1 栗子放入满满的热水里面煮1小时20分钟左右，然后直接放在热水里面直至冷却。冷却后取出，用刀切成两半，用勺子等取出里面的栗子即可。
2 将所有材料放入食品加工机里，搅拌至柔滑状。再次过滤后即可。

装饰
3 将烤好的蛋糕卷坯切成宽4cm的条状，烤上色的那一面朝上，将奶油薄薄地抹在上面卷起来。再挤上奶油和栗子奶油装饰即可。

专 栏

红玉苹果最美味的时期

我最喜欢红玉苹果紧实的果肉口感和酸酸的味道。能品尝到这种味道的时期只有在10—11月份很短的时间。这之后果肉会渐渐变软，味道也会渐渐变淡。刚刚上市的红玉苹果，加热后味道会更加凝缩，能品尝到苹果本来的美味。

30年前，红玉算是实惠又普遍的苹果，我在没有钱的学生时代，经常用它当原料使用。当时大概5个200日元吧。这之后有很长一段时期在店里找不到这种苹果了。最近，因为它变成了制作甜点的人气原料，所以又开始流行了。

每年，我的咖啡店Oven Mitten都要使用大量苹果，所以，能够定时供应和值得信赖的生产者对我们来说非常重要。最近数年，一直光顾青森县弘前市的西村苹果园，请他们在红玉最美味的时期将好吃的红玉寄给我们。这个农园不使用化学肥料，农药也是尽量限制在最小范围。所以大小不一、也多少有些斑点，但是能深深地感受到苹果浓郁的味道，这就是品质的差别所在。

干净快速去苹果皮的方法

1 用如图形状的水果刨刀的前端将苹果两端处理干净。
2 靠近两端的皮同时去掉2圈皮（2~3cm宽）。
3 再竖着将中间剩余的皮去掉。
4 竖着切两半，将果核周围的部位轻轻抠掉。不需要挖很深。比起刨一圈来说，这样刨皮会更干净快速。

幸果派

苹果派

酸甜的煮苹果里面加入其他香辛料，新感觉的美味苹果派。
折叠派皮，给人的印象是难度高且费时的技术活，
这边跟大家介绍的是做法简单且不容易失败，
而且在短时间内就可以完成的方法。
用料理加工机制作挞皮，用保鲜膜包起来，
将挞皮放在冰箱冷藏后用擀面杖擀2次即可。
每个步骤好好确认后再操作，
短时间内也可以制作出超乎想象的完美派皮哦。

材料   23cm的派盘1个

煮苹果
    苹果（红玉）…860g（约4个，去掉皮和果核）
    黄油…30g
    砂糖…80~90g
    柠檬汁…10g

折叠派皮
    低筋面粉…110g
    高筋面粉…110g
    盐…3g
    砂糖…5g
    发酵黄油…185g
    牛奶…28g
    水…56g

防粘粉（高筋面粉）…适量

装饰
    豆蔻（将整粒磨成粉）…少量
    肉桂（粉末）…1/2小勺
    丁香（粉末）…少量
    蛋黄…1个
    牛奶…2~3g
    杏子果酱（参考P025，或者市面上买的也可以）…30g

重点&准备工作
- 将低筋面粉和高筋粉混合，加入盐和砂糖混合，放入冰箱冷藏。
- 将黄油切成1cm大小的块状，放在冰箱冷藏。
- 将水和牛奶混合后，放入冰箱冷藏。
- 预热烤箱［烤制温度200℃+（20~40）℃］。

要点
- 煮苹果里加入3种香辛料，能制作出香味浓郁的苹果派来。
- 尽可能在前一天就把煮苹果做好，这样能防止多余的汁水流出，味道会更好。

煮苹果

1 将苹果切成8等份的梳子状。锅里放入黄油,放入苹果炒制。

2 黄油基本粘到苹果表面后放入砂糖柠檬汁。整体搅拌一下后,盖上锅盖用中火煮。

3 沸腾后开小火煮约3分钟(富士系列7~8分钟)。用竹签插进去能轻松地一下插进去即可。

4 将苹果倒进漏斗,锅里的汁水再次煮至还有1/3量为止,再次放入苹果煮沸,关火。

5 就这样冷却,等苹果吸取锅里的汁水。可以的话这个步骤前一天完成比较好。

简单折叠派皮

6 将低筋面粉、高筋面粉、盐、砂糖和黄油放入食品加工机,转8秒钟即可。

7 黄油的颗粒变成像红豆大小(6~7mm)即可。不要搅得太碎。

8 接下来加入牛奶和水,继续间断地转动几下加工机。

9 变成鱼肉松大小的状态即可。注意不要将粉末搅拌成面团状。

10 托盘或者保鲜盒里垫上保鲜膜,倒入步骤9的材料并铺平。

11 将保鲜膜包起来,制作成10cm×20cm厚度均一的长方形。

12 将步骤11调转,用擀面杖在上面用力压,让保鲜膜里面的派皮连接在一起。不是滚动擀面杖,而是用力向下压。压皮比原来大一圈的大小。

继续折叠派皮

13 可以看到黄油的颗粒,整体已经混合在一起的状态。将其放在冰箱冷藏5小时到一个晚上。在冷藏的时间中,派皮会连接到一起。

14 将派皮外面的保鲜膜去掉,操作台上撒少许防粘粉,将派皮横着放在桌上。从中间开始用均一的力气一点一点往下压,压成宽18cm大小。

15 台上再撒些防粘粉,将派皮90°转换方向。刚开始比较硬,所以还是从中间开始往前方,再从中间开始往后方一点一点移动擀面杖按压派皮。

16 变成可以擀的柔软度后,用擀面杖从中间往前方、中间往后方的顺序滚动擀面杖。

17  将派皮擀成竖50cm×横80cm的大小。这些步骤请不要花费太多时间操作。	**18**  用毛刷将派皮上多余的粉去掉，折3折。破掉的地方放入内侧。	**19**  派皮重叠的3处地方，用擀面杖用力压紧使其密合在一起。	**20**  接着，再用擀面杖压派皮，使整个派皮密合在一起。
21  派皮90°转换方向，按照中间往前、中间往后的顺序按压移动擀面杖。	**22**  接着，滚动擀面杖，也是按照中间往前、中间往后的顺序。	**23**  擀成竖55cm×横20cm左右的大小。	**24**  接下来折4折。去掉多余的粉，从前方和后方分别将派皮折向中心为止，再将其重叠变成4层。

成形后烤制，装饰

25  再将重叠的4处地方用擀面杖用力压紧使其密合在一起。接下来将整体的厚度调整均匀。再次包上保鲜膜，放在冰箱冷藏3小时以上。	**26**  步骤**25**的派皮从冰箱取出来后，用刮刀切成两半，用擀面杖将切口部分压紧。擀其中一块派皮的时候，另一块派皮放冰箱冷藏。	**27**  在操作台上撒上防粘粉，用擀面杖将两块派皮分别擀成25cm大小的正方形。	**28**  将其中一块派皮（如果有大小差别，请取大的）铺在派盘上。另一块派皮使用前放冰箱冷藏备用。
29  将步骤**5**的苹果铺在派盘里。	**30**  中间不要有间隔地铺满整个派盘。	**31**  苹果铺好后撒上豆蔻粉、肉桂粉和丁香粉。	**32**  将蛋黄和牛奶混合的液体刷在边缘部分。

33
上面盖上另一块派皮，按压边缘部分使其贴在一起。

34
用左手托着派盘，右手拿刀竖着沿派盘将多余的派皮去掉。注意切口部位，不要将派皮压扁了。

35
边缘用叉子压上花纹。派皮重叠处压下去的部分在烤的时候会膨胀起来。

36
再将整体刷一蛋液，用刀等压上自己喜欢的花纹。

37
中间划十字形制作出气口，再用竹签将整体插上孔。用200℃的烤箱烤20分钟，再降到190℃烤35~40分钟即可。

38
待凉后，上面和侧面刷上杏子果酱即可。

反转苹果挞

材料　　12cm的圆形模子2个

挞皮…100g（各50g）
　　→参考P046
砂糖…（焦糖用）…76g
热水…10g
黄油…30g
苹果（红玉）…400g（去皮和果核）
砂糖（烤的时候撒上面）
　　…15~20g

重点&准备工作

- 苹果切成8~10份。
- 准备好底部不能活动的圆形模子。
- 预热烤箱［烤制温度180℃+（20~40）℃］。

要点

- 将焦糖制作好后倒入模中，上面放上新鲜的苹果烘烤即成的快手甜点。
- 送入烤箱烘烤之前，先放入微波炉加热可以缩短苹果的加热时间。
- 苹果的酸味和香味与焦糖合为一体，是一款充满香味的迷你甜品。

准备挞皮

1. 挞皮参考P046页步骤1~11的顺序制作。在操作台上撒上防粘粉，将其擀成13cm正方形的大小（厚约3mm）。

2. 切成模子大小的圆形。

3. 正反面都插上出气孔的话可以抑制它的膨胀。就这样放在冰箱冷藏，这个步骤可以在前一天或者烘烤之前数小时准备好。

制作焦糖后烤制

4. 将砂糖放入小锅里制作焦糖。注意不要使焦糖颜色变得太深。不要焦煳了。

5. 焦糖的气泡由大变小后，从炉子上取下来倒入热水混合。不时会溅到，所以要注意安全。

6. 接下来加入黄油，将整体混合。

7. 每个模子放40g焦糖。

8. 焦糖的上面摆上苹果。为了让成品看上去美观，从外延开始整齐地摆上苹果。再在中间用苹果塞满，不要留缝隙。

9. 摆上苹果后的样子。

10. 再在苹果上面用力按下去，使苹果和模子紧密贴合在一起。

11. 在上面撒上砂糖后，用180℃的烤箱烤约55分钟。（这里若想节约一点时间，可以先将苹果放入耐热容器，盖上保鲜膜，用微波炉加热几分钟，再将加热好的苹果摆进模子里，烤制时间可以缩短10~15分钟）

12. 烤好后的状态。

13. 加热后变软的苹果，用锅铲等将它们压一下，使苹果与苹果直接紧密贴合在一起。

14. 将步骤3的挞皮盖在上面，用180℃的烤箱烤45分钟以上。

15. 将整个模子放在网上冷却，待凉后放入冰箱冷藏一个晚上。食用前将模子放在炉具上，用火加热10秒，反转模子将派倒在盘子上即可。

烤苹果

"烤苹果"使用刚刚上市的红玉苹果制作的话,味道最赞。因为苹果本身酸味就比较强,而且果肉很紧实,所以能变得更加美味。先将苹果用微波炉加热的话,可以缩短烤制时间,而且烤好后的成品也会保持红红的颜色,很漂亮。

材料
苹果(红玉)…4个
砂糖…60g(同15g)
肉桂粉…1g
黄油…40g(同8~10g)
葡萄干…20粒(同5粒)

重点&准备工作
- 黄油切成1cm大小块状。
- 预热烤箱[烤制温度160℃+(20~40)℃]。
- 按个人喜好加上香草冰激凌一起吃也很美味。

1

苹果用如图所示刨刀去掉果核,形成直径1.5cm左右的洞,不要戳通底部。或者用刀切好口子,用勺子挖一个洞也可以。

2

苹果表面用牙签戳20处左右的孔。10处是戳表面,另外10处一直戳透到中间挖掉洞的地方为止。

3

放在盘子上,用600W的微波炉加热4分钟(1个约1分钟)。

4

砂糖和肉桂粉混合制作成肉桂砂糖。

5

在洞里面分别放入肉桂砂糖、黄油和葡萄干。

6

最后再撒入肉桂砂糖,用160℃的烤箱烤30~40分钟。中途将盘子里的汁水浇到苹果上,烤到自己喜欢的硬度就可以取出来了。

水果沙拉

材料 容易制作的分量

当季的水果…共600~700g（去皮、核、蒂）
柿子（富有柿）…100g
苹果（王林）…100g
苹果（富士）…100g
草莓…150g
橘子…100g
香蕉…100g
柠檬汁…33g（水果总量的5%）
砂糖…33g（同上）
冷水…50~70g（水果总量的10%~15%）
柠檬皮碎…约1/2个分量+适量

要点

- 不需要糖水或者洋酒来调味，只需要有水果就可以完成的快手水果沙拉。
- 水果直接和砂糖、柠檬汁混合，放在冰箱冷藏1小时以上。吃之前加入冷水，调成自己喜欢的甜味糖水。
- 水果用自己喜欢的就可以，橘子不用去薄皮，苹果也不需要去皮，既省时又美味。

1

2

3

1 所有水果切成差不多大小（橘子的薄皮和苹果皮都没有去掉）。放入盆中，加入砂糖、柠檬汁、1/2个柠檬的皮碎。

2 大幅度搅拌，放在冰箱冷藏1小时以上。

3 吃之前加入冷水，再将整体搅拌均匀（和果汁混合在一起变成糖水，很润喉）。装在容器里，上面撒上柠檬皮碎，按喜好装饰上薄荷叶即可。

松饼

比市面上出售的要美味且安全,而且非常简单。只需要将打蛋器贴着盆的边缘搅拌30次即可。如此简单的步骤却能做出柔软的松饼。非常淳朴的味道,所以请一定搭配手工果酱或者糖浆水果一起享用。

材料	容易制作的分量

松饼糊
　　低筋面粉…100g
　　泡打粉…4g
　　砂糖…30g
　　全蛋…65g
　　牛奶…50g
　　淡奶油…50g
橘子果酱…适量
　　→参考P014
加入蛋白霜的淡奶油
　　淡奶油…100g
　　蛋白…30g
　　砂糖…15g

将淡奶油放入盆中,隔冰水打发至七分发。在另一盆中放入蛋白和砂糖,用电动打蛋器高速打发3分钟,制作成尖部少许下垂的柔软蛋白霜。再将两者快速搅拌在一起,隔冰水或者放冰箱里备用。

1 将低筋面粉、泡打粉和砂糖混合过筛,放入盆中。

2 在另一盆中将鸡蛋打散,加入牛奶和淡奶油,用打蛋器混合(不要打发)。

3 将步骤2的材料一次性倒入步骤1的材料中。手握打蛋器,垂直地贴着盆壁,按1秒1圈的速度慢慢向右方搅拌10圈。

4 将打蛋器里沾到的粉敲进盆里,接下来向左方转10圈,再向右转10圈,共计30圈即可。不要搅拌过头。

5 在日式多功能电饼铛上(也可以用平底锅代替)涂上薄薄的黄油(分量外),再用厨房餐巾纸擦去。

6 将步骤4的松饼糊倒在上面,一个直径8~10cm。

7 用小火加热约3分钟,待表面鼓起小泡,变干燥之前将它们翻面。这样做的话,翻转后还会涨高。

8 另一面也上色后即可,装盘后按喜好装饰上蛋白霜淡奶油、水果果酱或糖浆水果即可。

糖渍柚子皮巧克力慕斯蛋糕

这个巧克力蛋糕中不加任何粉类，完全靠打发后鸡蛋的力量将蛋糕凝固，变成口感松软的蛋糕。加入糖渍柚子皮后，柚子特有的上品香味渲染了整个蛋糕，完全感觉像慕斯一般轻柔的口感。巧克力和柚子，不同风味的两种巧克力的味道在嘴里温柔地融化。请冷藏后再吃哦。

材料　　　15cm的圆形模子1个

couverture可可脂60%PECQ公司产Geakiru…70g
couverture牛奶巧克力PECQ公司产Lactate…36g
黄油…50g
蛋黄…46g
砂糖…40g
蛋白…100g
砂糖…11g
糖渍柚子…30g
　→参考P038
装饰用
　淡奶油、糖渍柚子、糖粉…各适量

重点&准备工作

- 使用两种不同的巧克力。甜中微微带苦的感觉。
- 使用了分蛋法，用水浴蒸烤的巧克力慕斯蛋糕。
- 为了达到入口即化的口感，不要烘烤过度是成功的关键。

要点

- 巧克力切成1~2cm大小，糖渍柚子切成5mm大小，分别切碎。
- 蛋白放入冰箱冷冻10~15分钟，充分冷却后使用。
- 使用底部不能活动的模子，侧面和底部垫上烤纸。
- 预热烤箱［烤制温度170℃+（20~40）℃］。

 **1** 将两种巧克力和黄油放入小盆里,隔热水使其融化。	 **2** 在另一盆中打散蛋黄,加入砂糖,隔热水加热至40℃为止。	 **3** 40℃后从热水上取下来,用电动打蛋器高速打发2分钟左右。变成奶白色蓬松的状态。	 **4** 步骤**1**的材料加热至45℃,用刮刀搅拌均匀后加入步骤**3**中。
 **5** 混合至整体变得柔滑即可。搅拌后的温度约为36℃。	 **6** 在另一盆中放入蛋白和砂糖,用电动打蛋器以低速慢慢打发2分钟。待蛋白霜的尖尖部分轻轻下垂,变成柔软的蛋白霜状态即可。	 **7** 将一半的蛋白霜加入步骤**5**中。用刮刀大幅度搅拌35次。	 **8** 将剩余的蛋白霜先轻轻搅拌一下,再和糖渍柚子一起加入步骤**7**中搅拌30~35次即可。
 **9** 蛋糕糊变得有光泽的状态。	 **10** 将蛋糕糊倒入模中,放入烤盘,在烤盘上注入1.5cm高度的热水,用170℃的烤箱烤20~25分钟。	 **11** 用竹签插进中心位置,巧克力糊会黏在竹签上,或者从边缘插入1.5cm的地方,拔出竹签后什么也没黏在上面是最佳状态。	 **12** 整体膨胀起来了,但是还是比较柔软,按中间的话会轻轻回缩。待凉后放入冰箱冷藏后再脱模。

橘子和金橘的酸奶饮品

材料 　　　　容易制作的量
原味酸奶…150g
橘子（自己喜欢的种类）…
　　170g（去掉外皮）
金橘…40g（去掉子和蒂）
砂糖…20g

1 橘子去掉外皮，如果是薄皮也很厚的种类的橘子，那么连薄皮一起去掉。
2 所有的材料放入搅拌机里，搅拌至柔滑即可。

材料索引

B

菠萝

菠萝果酱…024

意大利水果沙拉…084

夏天的饮品（果汁）…089

菠萝海绵奶油蛋糕…092

白桃

糖浆白桃…033

白桃果冻…086

C

草莓

草莓果酱…016

意式水果挞…061

水果沙拉…116

D

大黄

大黄香草果酱…018

大黄挞…051

意式水果挞…061

无须挞皮随心所欲的挞…075

H

和梨

糖浆和梨…033

意大利水果沙拉…084

J

金橘

金橘果酱…023

糖浆金橘…029

金橘芝麻挞…048

金橘马芬…057

橘子和金橘的酸奶饮品…123

橘子

橘子果酱…014

水果沙拉…116

松饼…118

橘子和金橘的酸奶饮品…123

L

李子（大石早生）

李子果酱…019

糖浆李子…026

大石李子挞…043

大石李子苏打水…090

蓝莓

洋梨和蓝莓的酥饼…060

蓝莓的酸奶奶昔…090

M

美国车厘子

美国车厘子马芬…054

杧果

意大利水果沙拉…084

杧果雪葩…089

N

柠檬

柠檬挞…067

嫩姜

糖煮嫩姜…034

生姜苏打水…090

P

葡萄（巨峰）

葡萄柚的香辛味果酱…024

意大利水果沙拉…084

巨峰香草慕斯…079

意大利水果沙拉…085

苹果（红玉，富士，王林）

苹果果酱…017，025

糖浆苹果…028

糖浆苹果粒…034

苹果挞…049

苹果马芬…056

苹果酥饼…060

小酥粒苹果奶酪蛋糕…098

苹果蛋糕卷…101

苹果派…107

反转苹果挞…112

烤苹果…114

水果沙拉…116

S

酸橙的冻奶酪蛋糕…078

三华李

三华李沙司…025

三华李果汁…089

T

甜夏橘

甜夏橘果酱…020

甜夏橘果酱…023

甜夏橘挞…050

甜夏橘马芬…057

意式水果挞…061

甜夏橘果冻…066

W

无花果

无花果果酱…024

糖浆无花果…030

无花果挞…051

意大利水果沙拉…085

文旦

文旦果酱…023

糖渍文旦皮…036

X

杏子

杏子果酱…025

西瓜

意大利水果沙拉…085

西瓜沙冰…088

香蕉

香蕉果酱…024

香蕉蛋糕…070

香蕉奶油蛋糕…072

香蕉&苦瓜的果汁…090

水果沙拉…116

西梅

西梅挞…051

意大利水果沙拉…084

Y

油桃

糖浆油桃…033

油桃挞…051

油桃果冻…087

柚子

糖渍柚子皮…038

糖渍柚子皮巧克力慕斯蛋糕…120

洋梨

洋梨的香草果酱…025

糖浆洋梨块…033

糖浆香辛洋梨…034

洋梨挞…051

洋梨马芬…055

洋梨和蓝莓的酥挞…030

柑橘类

伊予柑果酱 …023

清见橘子果酱…023

广柑果酱…023

血橙果酱…023

其他

梅

梅子果酱…025

柿子

水果沙拉…116

黑加仑

小酥粒黑加仑奶酪蛋糕…100

猕猴桃

意大利水果沙拉…084、85

苦瓜

菠萝苦瓜汁…089

香蕉&苦瓜的果汁…090

和栗

和栗迷你蛋糕卷…104

关于器具和原料

1. 锅
推荐使用不锈钢的平锅。本书使用的是WMF公司生产的不锈钢平锅（请参考P012）。浅口型的锅，煮果酱的时候，面积大，受热会比较快，更能突显出新鲜水果的味道。盖上锅盖，完美的密封效果，厚实的锅底有很高的蓄热性，这也是最适合果酱制作的原因之一。

2. 果皮刨（专用工具）
果皮刨是专门用来刨柑橘类表皮用的工具（参考P012）。简单的刨出薄而细的皮碎，不会浪费任何部位，能够增加点心或者果酱的香味。

3. 橡胶刮刀
耐热性硅胶的树脂制作，柄和刮刀头成一体的比较推荐。有适当柔软度更好。

4. 电子秤
做甜点缺少不了能称1g重量的电子秤。推荐使用能称0.1g重量的电子秤。

5. 计时器
煮果酱或者打发鸡蛋时，都需要计算时间，也是不可缺少的用来计算混合的速度（1秒转1圈等）的工具。

6. 盆
底部宽、有一定深度的不锈钢盆比较好用。照片上盆口径21cm、深11cm。大小尺寸都配备齐全比较方便。

7. 打蛋器，毛刷
主要使用的打蛋器尺寸是28~30cm，如果有小尺寸的话也很方便。毛刷是用来刷糖水或果酱，也可以用来刷去多余的粉。推荐使用不宜掉毛的高品质毛刷。

8. 红外线温度计
原料或操作途中蛋糕糊的温度，都会大大影响成品的味道。红外线温度计不会直接接触食材，而且测量的速度也很快。

9. 电动打蛋器
电动打蛋器推荐松下品牌（日本出售的打蛋器与中国出售的打蛋器功率不同，本书使用的是日本出售的打蛋器）。推荐使用打蛋头部位宽一点的，不推荐头细的。

10. 刮板和抹刀
硬一些的刮板和有柔软度的刮板，两种都备起来比较方便。将蛋糕糊抹平、搅拌或整理弧度部分的蛋糕糊，过滤的时候也可以使用。抹刀用来抹奶油、整理奶油或者水果。有柄和刀面成I形的，还有L形的，都配备齐全的话，使用起来比较方便。

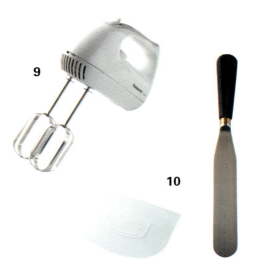

候必须使用"特细三"的砂糖。如果需要隔水加热，用么不是特细砂糖也没有关系。

14. 低筋面粉
使用日清制粉的"特选飞筋小麦粉"，国内产的几层在风味、口感、蓬松感同日本面粉会有差异

15. 吉利丁片
书中使用的是Ewald公司生产的吉利丁片。使用方法请参考页039其他吉利丁片或许会影响口感。

16. 淡奶油
淡奶油全部是用乳脂45%的品种。不建议使用植物奶油或者低脂肪奶油。

17. 黄油
黄油使用无盐黄油，如果需要使用发酵黄油时，配方会特别说明。

18. 杏仁粉
杏仁粉使用美国产的十豆等用纯杏仁粉。

19. 香草荚和香草料
书中使用的是马达加斯加产的香草荚，它香味浓郁，没有其它怪的味道。香辛料分别是桂皮（末或者条）、丁香（粉或者整粒）、生姜（粉末）、豆蔻（整粒）等，种类配备齐全，使用起来比较方便。

20. 巧克力
使用的是一款叫作Cacao Barry的糕点专用巧克力。可可脂含量60%的"Geak ru"和牛奶巧克力"Lactate"，都是三菱公司生产。

11. 粉筛
粉筛有双层的、孔比较细的，还有单层的、孔比较粗的。细的用来过筛粉和糖粉，粗的用来过筛杏仁粉。

12. 蛋糕卷烤纸和烘焙用纸
蛋糕卷烤纸是烤完之后蛋糕和纸紧密贴合在一起的一种烤纸。烤箱用烘焙用纸因为表面经过加工，所以分离性很高，轻轻就可以取下来。按用途不同选择不同烤纸。

13. 砂糖
制作果酱、糖浆水果、糖渍类、糖水类甜点，都可以用普通的砂糖。这些以外的甜点，制作蛋糕糊的时

KOJIMA RUMI NO FRUITS NO OKASHI by Rumi Kojima
Copyright©2014 Rumi Kojima

All rights reserved.
Original Japanese edition published by SHIBATA PUBLISHING CO.,LTD.,Tokyo.
No part of this book may be reproduced in any form without the written permission of the publisher.

This Simplified Chinese language edition published by arrangement with SHIBATA PUBLISHING CO.,LTD.,Tokyo in care of Tuttle-Mori Agency,Inc.,Tokyo

© 2015，简体中文版权归辽宁科学技术出版社所有。
本书由株式会社柴田书店授权辽宁科学技术出版社在中国出版中文简体字版本。著作权合同登记号：06-2015第64号。

版权所有·翻印必究

图书在版编目（CIP）数据

小嶋老师的水果甜点：86款季节果酱、糖浆水果和蛋糕 /（日）小嶋留味著；爱整蛋糕滴欢译. —沈阳：辽宁科学技术出版社，2015.9
 ISBN 978-7-5381-9336-7

Ⅰ.①小… Ⅱ.①小… ②爱… Ⅲ.①水果—甜食—制作 Ⅳ.①TS972.134

中国版本图书馆CIP数据核字（2015）第160659号

出版发行：辽宁科学技术出版社
　　　　（地址：沈阳市和平区十一纬路29号　邮编：110003）
印　刷　者：辽宁一诺广告印务有限公司
经　销　者：各地新华书店
幅面尺寸：187mm×247mm
印　　张：8
字　　数：150千字
出版时间：2015年9月第1版
印刷时间：2015年9月第1次印刷
责任编辑：康　倩
封面设计：袁　舒
版式设计：袁　舒
责任校对：李淑敏

书　　号：ISBN 978-7-5381-9336-7
定　　价：45.00元

联系电话：024-23284367　联系人：康　倩　编辑
地　址：沈阳市和平区十一纬路29号　辽宁科学技术出版社
邮编：110003
E-mail：987642119@qq.com